LETTRE

A MONSIEUR ✳✳✳

DANS LAQUELLE ON DISCUTE

DIVERS POINTS

D'ASTRONOMIE-PRATIQUE,

Et où l'on fait quelques Remarques sur le SUPPLÉMENT AU JOURNAL HISTORIQUE DU VOYAGE A L'EQUATEUR *de M. de la C.* Par *M.* BOUGUER.

A PARIS,

Chez HIPP. LOUIS GUÉRIN, & L. FR. DELATOUR, rue S. Jacques, à Saint Thomas d'Aquin.

M. DCC. LIV.

AVEC APPROBATION ET PRIVILEGE DU ROI.

APPROBATION.

J'AI lû par l'ordre de Monseigneur le Chancelier, un Manuscrit intitulé : *Lettre à M.* * * *. *avec le Postscriptum*, où l'on discute divers points d'Astronomie-pratique, & on fait quelques Remarques sur le Supplément au Journal Historique du Voyage à l'Equateur de M. de la C. & j'ai jugé que l'on pouvoit en permettre l'impression. Fait à Paris, ce 9. Mars 1754. *Signé*, CASSINI.

FAUTES A CORRIGER.

PAge 11. *ligne* 9. Micromètre : cette boîte, *lisez*, Micromètre, cette boîte.

Page 23. *ligne* 1. -tions alors elles , *lisez*, -tions alors , elles.

Page 30. *ligne* 17. *effacez*, exactement.

Page 31. *ligne* 15. résolu , *lisez*, résolus.

LETTRE

A MONSIEUR ✳✳✳.

DANS LAQUELLE ON DISCUTE
*divers points d'Astronomie-pratique, & où l'on
fait quelques Remarques sur le* SUPPLÉMENT AU
JOURNAL HISTORIQUE DU VOYAGE A L'EQUA-
TEUR, *de* M. *de la* C.

QUOIQUE je sois bien certain, Monsieur, des sentimens favorables de M. Cassini à mon égard, vous me jettez dans la nécessité de me justifier, en me marquant que cet illustre Académicien est en droit de se plaindre de moi. J'ai eu, dites-vous, le plus grand tort envers lui, si l'on s'en rapporte à l'Auteur d'un Ouvrage polémique qui vient de paroître. Ma justification sera bien simple ; un moment d'attention de votre part vous en convaincra. Vous verrez que l'Auteur du *Supplément au Journal Histo-rique* m'attribue un procédé dont je ne suis pas capable, & vous en tirerez des conséquences avantageuses à ma cause pour tout le reste de nos contestations.

A

PREMIERE PARTIE.

Que je n'ai point eû à l'égard de M. Caſſini le mauvais procédé que m'impute l'Auteur du Supplément *au* Journal Hiſtorique.

J'AVOIS indiqué dans le Livre de la Figure de la Terre, les principaux défauts d'un Secteur d'une certaine forme, que j'avois repréſenté dans la Figure 29. & j'avois dit expreſſément, (page 195.) *qu'il étoit étranger à mon ſujet* d'examiner ſi on s'étoit jamais ſervi d'un pareil inſtrument. On prétend dans le *Supplément au Journal Hiſtorique,* * ſans en apporter aucune preuve, que j'ai eû en vûe M. Caſſini dans cet endroit de mon Livre. Comme ſi l'on vouloit enſuite que cela ſervît à indiſpoſer tous les Aſtronomes contre moi, on ajoute que la Figure que j'ai donnée, n'eſt pas celle du Secteur de M. Caſſini ; & pour le prouver, on renvoye à la page 142. de ſon Livre de la Grandeur & de la Figure de la Terre, & à la planche 10, dans laquelle on ne voit point effectivement le Secteur que j'ai repréſenté.

On trouve un ſi grand nombre de perſonnes qui apportent peu de candeur dans la diſpute, que je crois devoir mettre ici ſous les yeux de tous ceux, qui avec vous, Monſieur, liront cette Lettre, les propres expreſſions de l'Auteur du *Supplément*, afin qu'ils voyent que je n'en détourne pas le ſens par une fauſſe interprétation. Après que cet Auteur a eû tranſcrit l'endroit de mon texte qui vient d'être cité, & un autre où je parle d'un Secteur de 10 à 12 pieds de rayon, qui ne ſeroit muni que d'une lunette longue de 3 ou 4 pieds, il dit en termes exprès:

Ces deux textes de M. B. & tout ce qui les précede & les ſuit dans ſon Livre de la Figure de la Terre,

* Voyez page 36. de la ſeconde Partie.

tendent évidemment à insinuer aux Lecteurs, que les diffé-
rences en excès que donne le Secteur de M. Cassini, sur la
distance de certaines Etoiles au Zénith....doivent être imputées à la fléxion de son Secteur de 9½ pi. de rayon, dont
la lunette n'en avoit que 3 : cependant l'Instrument de M.
Cassini, décrit dans le Traité de la Grandeur & Figure de
la Terre, page 142, & dessiné dans la planche 10, ne
ressemble nullement à celui de la figure 29. planche IV.
du Livre de M. B. & dont il calcule les erreurs possibles.
Celui de M. Cassini n'étoit point un arc-de-cercle, attaché
dans son milieu à une seule regle de fer, qui peut se courber
sur sa longueur, &c.

Ainsi j'ai, selon l'Auteur du *Supplément*, insinué
que M. Cassini s'étoit servi d'un Instrument défectueux,
quoiqu'il en eût employé un tout différent. J'ai manqué
en même tems à ce que je devois à ce fameux Astronome, au Public & à moi-même, en faisant une critique dont je connoissois toute l'injustice, puisque pour
donner quelque apparence d'application à mes remarques, il a fallu que je substituasse à la place du Secteur
de M. Cassini, un autre Secteur que j'avois imaginé.

Mais n'est-il pas évident que l'Auteur du *Supplément*
prend des voyes bien extraordinaires pour me faire paroître coupable ? Il veut que mon texte contienne une
critique injuste & particuliere, quoiqu'il ne présente
que des réflexions générales, comme le montrent
assez mes expressions transcrites par l'Auteur même du
Supplément : *Il est étranger à notre sujet de décider la
question de fait ; si quelqu'un des cas dont nous parlons est
quelquefois arrivé*, &c. Je fermois donc les yeux dans
cet endroit de mon Livre, sur tout ce qui pouvoit avoir
eû lieu le tems passé. Je voulois seulement par mes remarques empêcher qu'on se servît jamais de l'instrument
dont je donnois la figure. Mais il plaît à l'Auteur du
Supplément de m'attribuer une intention dont il ne
fournit aucune preuve ; & il rend en même-tems mon

A ij

action plus qu'injuste, en apprenant à fes Lecteurs que j'ai falfifié la figure du Secteur de M. Caffini. Il eft vrai qu'il n'employe pas le mot de falfification : mais il y a une infinité de chofes qui portent leurs qualifications par elles-mêmes ; & il eft certain que fi le fait étoit tel que l'a rapporté l'Auteur du *Supplément*, mon procédé ne feroit point excufable.

Tout ce que je me propofois dans mon Livre, c'é-toit de bien convaincre les Obfervateurs qu'on ne fçau-roit trop rejetter l'ufage du Secteur que je repréfentois dans ma figure 29 , parce que cet inftrument fait pécher en excès toutes les obfervations fur la diftance des Aftres au Zénith. Je ne nommois ni n'indiquois perfonne dans l'endroit de mon Livre dont il s'agit. Je m'expliquois toujours d'une maniere abfolument générale, comme on s'en affûrera en jettant les yeux fur mon texte rapporté par l'Auteur même du *Supplément*. D'un autre côté, cet Au-teur affûre que la figure que je préfente à mes lecteurs, ne reffemble point à celle de M. Caffini. Qu'il nous dife donc fur quel fondement il établit tout ce qu'il avance touchant mes intentions ? Seroit-il bien aife que je pa-ruffe chargé d'une faute que les ennemis qu'il ne peut guere manquer de me fufciter, auroient droit de nom-mer falfification ; & à laquelle ils ont peut-être déja don-né ce nom dans leurs converfations particulieres ?

Je ne m'étendrois pas davantage fur cet article, Monfieur, fi je ne connoiffois parfaitement la nobleffe des fentimens de M. Caffini, & fi je ne fçavois qu'il préfere la vérité à tout au monde ; il manqueroit d'ail-leurs quelque chofe à cette partie de ma réponfe, fi je la terminois ici, & fans doute qu'on me le reprocheroit. L'Auteur du *Supplément* qui me nomme fon adverfaire, & qui dit que je fuis un adverfaire paffionné, a bien vû que fi je ne m'expliquois pas, je demeurerois convaincu d'en avoir impofé au Public , par une fauffe critique contre un des plus grands Aftronomes qui furent jamais ;

& il a penſé en même-tems, que ſi j'entreprenois de me juſtifier, je pourrois perdre l'amitié dont M. Caſſini m'honore, & que je rechercherai toujours avec empreſſement. Il a crû me jetter dans le plus extrême embarras; mais M. Caſſini eſt trop équitable, pour ne pas ſentir qu'il eſt des rencontres où on ne peut ſe diſpenſer de parler : c'eſt pourquoi je ne ſerai point difficulté d'avouer publiquement que j'avois en vûe dans l'endroit de mon livre dont il s'agit, un des Secteurs qu'il avoit employés.

Je m'étois fortement oppoſé au Pérou dès 1739, à la propoſition que l'Auteur du *Supplément* me fit avec chaleur, & à diverſes repriſes, de joindre à une lunette de 12 pieds, un rayon de 20 pieds, ou même de 22, afin d'en former un Secteur qui l'emportât ſur celui de M. Godin. Pour moi je me mettois fort peu en peine de ce que notre Secteur fût moins grand que celui des autres Obſervateurs, parce que la précaution d'attacher le bas de la lunette au limbe de l'inſtrument, & le haut de la lunette au centre, me parut dès-lors abſolument néceſſaire, quoique je n'euſſe point encore fait d'expérience ſur la fléxion des barres de fer, & des autres corps ſolides. Je commençai à m'en occuper à Quito, vers la fin de 1740, & je continuai à travailler ſur ce ſujet à Tarqui en 1741, en faiſant diverſes expériences ſur le rayon même de 12 pieds du Secteur dont je me ſervois, le premier des deux que j'ai fait conſtruire dans ces pays-là. Je reconnus alors qu'on pouvoit tomber dans les erreurs les plus énormes, en obſervant avec un inſtrument d'un très-grand rayon, lorſqu'il n'eſt formé que d'une ſeule barre de fer, & muni d'une lunette très-courte.

Je me borne ici à conſidérer un de ces Secteurs, lorſqu'il eſt ſoutenu par ſon centre de gravité, comme l'étoient ceux dont s'eſt ſervi M. Caſſini. La lunette étant très-courte, elle ne ſera pas ſujette à ſe courber; mais ce ne ſera pas la même choſe du rayon de l'inſtru-

A iij

ment. Pendant que la lunette fera toujours dirigée fur
le même point du Ciel , le haut du rayon fe courbera du
côté que l'inftrument fera incliné , & le fil à plomb
porté en-dehors, indiquera fur les divifions du limbe
un trop grand arc. L'erreur de l'obfervation dépendra
de plufieurs circonftances , telles que la hauteur de
l'Aftre , la force de la barre de fer qui fert de rayon , fa
largeur , fa longueur : mais l'erreur , felon mes expériences, pourra aller à 30 ou 40 fecondes , ou même plus
loin, lorfqu'on obfervera des Aftres qui feront éloignés
du Zénith , de 2 ou 3 degrés ; & elle fera toujours en
excès, fi l'inftrument eft fufpendu de la maniere dont je
l'ai fuppofé.

M. de Maupertuis qui n'avoit pas expérimenté combien la fléxion des corps les plus forts pouvoit être con-
fidérable lorfqu'ils étoient d'une certaine longueur , n'a
pas donné à ce fujet toute l'attention qu'il méritoit ,
lorfqu'il en a parlé dans fon *Degré du Méridien* , mefuré
entre Paris & Amiens. * Il a cru qu'il fuffifoit à l'Obfervateur pour corriger ou prévenir l'erreur , de mettre
fon Secteur dans deux fituations contraires , en tournant
fucceffivement fa face vers l'Orient & vers l'Occident.
Ce fçavant Académicien parloit alors des obfervations
de M. Caffini faites dans la partie Septentrionale de la
Méridienne tracée en France ; mais il ne remarquoit pas
que l'erreur étoit exactement la même , fur les obfervations que fournit le Secteur mis dans les deux fituations
contraires ; & que lorfqu'on prend la moitié de la fomme des deux arcs , on retrouve encore la même erreur.
Je ne puis plus diffimuler après tout ce que je viens de
dire , qu'il eft certain que cet accident arriva dans les
obfervations de 1718.

L'amplitude de l'arc célefte fe trouva trop grande par
la fléxion du rayon de l'inftrument. La différence dut
être fenfiblement la même fur tous les réfultats donnés
par les diverfes Etoiles qu'on obferva ; parce que fi,

* Voyez page
xxx. Edit. de
1740.

1°. quelques-unes des Etoiles situées entre les deux Zéniths étoient plus voisines d'un de ces points, elles se trouvoient en récompense plus éloignées de l'autre. Ce fut encore la même chose, 2° à l'égard des Etoiles situées en-dehors des Zéniths. L'erreur étoit produite par l'excès de fléxion que l'instrument recevoit dans un des deux Observatoires plus que dans l'autre ; & cet excès étoit encore sensiblement le même pour toutes les Etoiles, & proportionnel à l'intervalle entre les deux Zéniths. Il suit de-là, que le nombre de degrés, de minutes & de secondes donné par les observations, pécha toujours en excès, & comme il répondoit à un certain nombre de toises, ou à toute la distance de Paris à Dunkerque, le degré terrestre trouvé à proportion, parut trop petit dans les parties Septentrionales de la France, & la Terre se trouva en conséquence allongée vers les Pôles.

Tous ces détails, quelque importans qu'ils eussent été dans un autre tems, étoient étrangers à mon Livre, & il me suffisoit de bannir pour toujours l'instrument que je représentois dans ma figure 29. Mais comment l'Auteur du *Supplément* a-t-il pû pénétrer mon intention, puisque le texte de mon Livre ne l'exprimoit pas, & que la comparaison de ma figure 29 avec la dixieme planche du Livre de M. Cassini, l'indiquoit encore moins ? L'Auteur du *Supplément* n'a pû découvrir mon secret, qu'en remarquant que j'avois parfaitement représenté le Secteur, dont M. Cassini s'étoit servi dans la partie du Nord de la Méridienne, qui est dessiné dans la troisieme planche, figure 2 de la seconde partie de son Livre. Mais au lieu de rendre justice à la politesse de mon procédé, il réussit à le faire paroître injuste, en citant une autre planche. C'est de cette sorte que celui qui me regarde comme un *adversaire passionné*, expose tous les faits qui m'intéressent.

Si vous voulez voir, Monsieur, une autre citation à

peu-près de même efpece que la précédente, vous la
trouverez à la page 54 de la feconde partie du *Supplément*, où il s'agit des Obfervations de Meffieurs les
Officiers Efpagnols nos compagnons de voyage. L'Auteur m'y objecte que ces Meffieurs ont dit à la page 273
de leur Recueil imprimé à Madrid, qu'ils mettoient
exactement leur Secteur dans le plan du Méridien (*a*) ;
mais il diffimule que j'ai cité expreffément la page 274,
dans laquelle ces habiles Voyageurs expliquent leur
opération. Ils faifoient tourner leur Secteur jufqu'à ce
que l'Etoile paffât par le fil vertical de la Lunette, à l'inftant précis de la médiation ou de fon paffage par le Méridien : *Hafta que.....la eftrella paffaffe por el hilo vertical
del anteojo, quando fe hallaba exactamente en el Meridiano*. On trouve encore quelques lignes plus bas dans la
même page 274. *El Methodo con que inquirimos el tiempo
en que la eftrella tranfitaba por el Meridiano, fue tomando
alturas correfpondientes de la mifma*. Ainfi vous voyez que
mon récit étoit fidèle, & que ces Meffieurs dirigeoient
leur inftrument de la maniere que je l'ai dit dans le Livre de la Figure de la Terre, (*page 273.*)

Je laiffe à chercher quel motif l'Auteur du *Supplément* a pû avoir encore ici, de renvoyer fes Lecteurs à
un paffage, au lieu de les renvoyer à un autre qu'il a dû
confulter, & dont j'avois indiqué la page. Eft-ce fimplement oubli ou précipitation de fa part ? Le Lecteur
en jugera. Mais on s'apperçoit affez que l'Auteur peut
de cette forte faire dégénérer les chofes les plus claires
en mal-entendu, & qu'il ne tient pas à lui que je ne pa-
roiffe avoir bleffé des perfonnes, pour lefquelles j'ai le
plus fincere attachement & la plus haute eftime.

Ce n'eft cependant pas encore affez pour lui ; il veut

(*a*) Puefto el limbo del inftrumento exactamente Segun el Meridiano,
...... y para que quedaffe todo el cuerpo del inftrumento en el proprio
plano del Meridiano, fe hazia, &c. *Obferv. Aftron. y Phyfic. pag.* 273.

que j'aie attaqué indécemment tous les Aſtronomes, & touché d'une main téméraire aux cendres de M. Picard, parce que j'ai dit que la maniere de faire les obſervations, que nous allions entreprendre au Pérou, n'avoit pas été aſſez approfondie. Je ſuis extrêmement étonné qu'il n'ait pas travaillé en même-tems à me faire un crime de la liberté que j'ai priſe de parler de l'*Examen déſintéreſſé* de M. de Maupertuis. Pourquoi l'Auteur du *Supplément* qui compte mes torts par mes prétendues critiques, ne fait-il pas mention de celle-là, & n'a-t-il pas appris à ceux qui l'ignoroient, que je m'étois contenté au commencement de la quatriéme ſection de mon livre de la Figure de la Terre, de déſigner l'*Examen déſintéreſſé* ſous le nom d'un Ecrit publié en 1738. J'avois uſé de ménagement ; & on voit que l'Auteur du *Supplément* peut auſſi quelquefois en uſer à ſon tour. Il faut bien au reſte, que je ne me ſois pas trompé en m'expliquant ſur cet Ecrit, puiſqu'on ne me fait à ce ſujet aucun reproche. Qu'il me ſoit permis d'ajoûter que M. de Maupertuis ne pouvoit rien écrire qui fût plus avantageux à ſes collegues, ou qui montrât mieux la grande part qu'ils ont eue au ſuccès des fameuſes opérations du Cercle Polaire. Rien ne prouve mieux encore, que les foibles lumieres que mon livre a répandues ſur cette matiere, ſont de quelque utilité. J'ai l'honneur de parler à une perſonne extrêmement inſtruite : je ne pourrois trouver un juge, ni plus éclairé, ni plus intégre. Ainſi, ſouffrez que je m'explique dans le reſte de cette Lettre, comme ſi l'Auteur du *Supplément* portoit à votre tribunal, le procès aſtronomique qu'il m'intente.

SECONDE PARTIE.

Qu'il n'est que trop vrai que l'autorité de M. Picard nous trompa au Pérou, & que chacun de nous n'est recevable à proposer ses Observations, qu'après avoir prouvé qu'il s'est relevé de l'erreur où nous étions tous en 1737.

JE veux bien renoncer à tout l'avantage que me donne l'Ecrit dont je viens de parler ; quoiqu'on sçache combien les ouvrages polémiques lorsqu'ils partent de certaines mains, sont propres à constater l'état des sciences, dans le tems où ils ont été publiés. L'Auteur de l'*Examen désintéressé* avoit conféré avec les sçavans, & il est certain qu'il est très-sçavant lui-même. Il étoit en liaison avec les Dépositaires de ces Mémoires secrets, qui, selon l'Auteur du *Supplément*, contiennent les mystères de l'art, & il avoit vécu long-tems avec M. Celsius Professeur Royal en Astronomie, dans l'Université d'Upsal. Malgré tout cela on ne trouve absolument rien dans son Ecrit, ni dans la réponse dont il est suivi au Docteur Désaguliers, qui tendit au but ; on n'y remarque rien qui pût justifier le moins du monde dans un autre tems, que l'Auteur avoit vû plus loin que ne le portoient ses paroles prises au pied de la lettre.

Je tirerois les mêmes inductions d'un fait qui est attesté par M. Camus, & qui n'est pas contesté par l'Auteur du *Supplément*. L'Artiste qui faisoit seul des Quarts-de-cercles Astronomiques à Paris, le même qui accompagna M. Cassini dans le voyage de Dunkerque, & qui construisit le Secteur que nous portâmes avec nous au Pérou, se contentoit lorsque nous partîmes d'Europe en 1735, de mesurer dans ses Secteurs & Quarts-de-cercles mobiles, avec un compas, la distance de la Lunette au plan de l'instrument. L'Objectif étoit ordinairement renfermé dans une boîte quarrée; ce qui rendoit la Lunette plus facile à attacher par deux vis; mais il n'y avoit point de boîte quarrée par en bas. La Lunette du Quart-de-cercle qui m'a servi au Pérou & que j'ai encore actuellement, est disposée de cette maniere.

Tous les Quarts-de-cercles qu'on nous avoit remis & qui appartenoient au Roi, étoient semblables; car s'il y avoit dans quelques-uns une boîte quarrée en bas, qui contenoit le Micromètre, cette boîte n'étoit pas de la même grosseur que celle d'en haut; & outre cela elle ne portoit pas sur l'Instrument. Le hazard qui présidoit alors au travail de l'Artiste dont nous parlons, pouvoit rendre quelquefois le parallélisme de la Lunette fort exact, & pouvoit faire aller aussi très-souvent la déviation de la Lunette à 4. ou 5. minutes, & même plus loin, comme je m'en suis assuré par moi-même au Pérou, lorsque je ne sçavois pas que M. Camus eût fait la même remarque. Mais tous les instrumens qui sont sortis des mêmes mains, les seules qui pendant plusieurs années ont construit des Quarts-de-cercles en France, sont-ils restés absolument inutiles? S'il est vrai d'un autre côté qu'on en ait fait usage, n'y avoit-il pas un bon avis à donner publiquement aux Observateurs, en leur faisant remarquer que le défaut de parallélisme ne tire pas à conséquence dans une infinité d'observations, & qu'il en rend d'autres absolument mauvaises?

Il n'est pas nécessaire que je presse ce raisonnement, parce que je n'ai nullement besoin de confondre la cause de l'Auteur du *Supplément* avec celle de personne. Lorsque nous allions au Pérou, nous avons toujours supposé en observant dans nos Colonies, à Cartagène, à Porto-belo, &c. que la Lunette étoit parallele au plan de l'instrument, quoique nous nous servissions de Quarts-de-cercles construits par l'Artiste dont il s'agit. M. Godin, MM. les Officiers Espagnols, M. Verguin déclareront la vérité, & je pourrois même interpeller l'Auteur du *Supplément*.

Il est vrai que nous n'observions alors de hauteurs Méridiennes, que celles des Astres suffisamment éloignés du Zénith. Presque tout le Ciel fournit de ces observations où le défaut de parallélisme n'est pas à craindre ; & c'est précisément ce qui étoit cause qu'on n'y pensoit pas dans les cas critiques qui se présentent rarement. Après avoir pris mille fois avec succès des hauteurs Méridiennes, en ne se reglant que sur l'instant de la médiation, il est naturel de s'imaginer que lorsque l'Astre passe très-près du Zénith, il suffit d'être encore plus attentif à saisir cet instant avec précision. Plein d'une fausse confiance on ne remarque pas alors que les efforts qu'on fait pour mettre la Lunette dans le plan du Méridien, servent à en écarter le plan même de l'instrument.

Nous commîmes effectivement cette faute en travaillant en 1737. à Quito, à la détermination de l'obliquité de l'Ecliptique, avec le Secteur de 12. pieds de rayon dont j'ai parlé. Comme toutes les parties de cet instrument furent séparées après l'observation, je n'ai pu juger de la situation de la Lunette, que par différentes circonstances dont je me suis souvenu, ou que j'avois écrites sur mon Journal. Mais la déviation étoit au moins de 7. à 8. minutes, & je la mettrois à 10. minutes, si je n'avois égard qu'à une observation faite 40. secondes trop tard le 17. Juillet, qui s'accorda néanmoins avec celles que nous regardions comme les meilleures. On ne sera point étonné que le défaut de parallélisme allât à 7. ou 8. minutes, si on fait attention au moyen grossier employé pour disposer la Lunette ; si on considere de plus que l'axe de la Lunette n'est pas le même que l'axe de son tuyau, & que ce dernier ne forme pas une ligne facile à saisir, lorsqu'il s'agit d'un gros tuyau de fer blanc, irrégulier, plus gros par une extrémité que par l'autre, qui porte sur des parties différemment saillantes de l'instrument.

Notre embarras fut extrême dans les observations de l'Etoile, qui devoient servir à la vérification du Secteur : l'Auteur du *Supplément* en fut témoin. Je m'étois chargé de regler la Pendule ; & de faire diverses autres opérations, comme je l'ai marqué à la fin de mon Mémoire, qui porte pour date le 7. Octobre 1737. & qui a été vû de tous nos Voyageurs. * Je connoissois à peu-près la direction du Méridien, parce que j'y avois fait attention dans les observations du Soleil que nous venions d'achever ; & je ne pouvois pas me résoudre à éloigner l'instrument de cette direction, de 6. ou 7. degrés, lorsque nous observions l'Etoile. Chaque jour nous donnions différentes directions au Limbe ; & nos Observations s'accordoient si peu entr'elles, que nous fûmes obligés d'en passer plusieurs sous silence.

*Voyez page 241. du Livre de la Figure de la Terre, ou page 13. de la Traduction Angloise de mon Mémoire sur l'obliquité de l'Ecliptique.

Il est certain que M. Godin n'avoit pas alors plus examiné cette matiere, que moi, & que nous déférions trop l'un & l'autre à l'autorité de M. Picard, qui sans tirer de Méridienne dans son Observatoire, ne disposoit son Secteur que par l'instant de la médiation (*b*). Mais l'Auteur du *Supplément* qui en parcourant la Méditerranée, le Quart-de-cercle à la main, avoit par ses observations toujours trouvé précisément la même chose que M. de Chazelles dans tous les lieux où cet Astronome avoit observé, devoit bien nous tirer de notre erreur grossiere. Pourquoi ne nous fit-il pas voir que si M. Picard s'étoit servi d'une méthode qui dans le fond étoit vicieuse, il avoit au moins évité d'en faire une aussi mauvaise application que nous. (*c*)

L'Auteur du *Supplément* dit quelque part, que nous

(*b*) Voyez la page 76. de la mesure de la Terre de M. Picard, de l'Edition donnée par M de Maupertuis en 1740. ou voyez l'Extrait que M. Cassini a donné du même Ouvrage page 279. de la Grandeur & Figure de la Terre.

(*c*) Voyez page 74. & 75. de l'Edition de M. de Maupertuis, ou page 278. de M. Cassini.

nous hâtâmes trop d'envoyer en Europe les Mémoires que nous fîmes sur l'obliquité de l'Ecliptique. Je n'ai garde d'en convenir, puisque nous ne pouvions jamais nous dispenser de rapporter les choses comme elles s'é-toient passées. Eussions-nous dit que nous avions alors tracé une Méridienne dans notre Observatoire, quoique nous n'en eussions pas tracé ? Pour moi je suis très-per-suadé que le fort de notre Mission a dépendu de cet en-voi de nos Mémoires, fait avec précipitation, & que rien n'a peut-être contribué davantage au succès de notre entreprise.

Chacun de nous vouloit des choses différentes, & l'Auteur du Suplément assure que *son zéle alloit jus-qu'au Fanatisme.* Personne de notre Compagnie n'eut consenti à se voir de retour du Pérou, sans avoir sa dé-termination particuliere du degré terrestre qu'il eût fait valoir ici, en profitant du tems & des occasions : mais comment l'Académie Royale des Sciences eût-elle pû ensuite, malgré toutes ses lumieres, démêler la vérité dans tout ce concours de différens avis ? L'Auteur du *Supplément* me montroit, par exemple, en m'écrivant de Tarqui en Février 1743, qu'il étoit très-flaté d'avoir en propre une grandeur du degré : *Je vous laisse,* disoit-il, *sans regret, l'honneur d'avoir observé seul aux deux extré-mités de notre mesure géométrique, & de pouvoir, sans emprunter rien de personne, conclure la mesure du degré, par un arc de plus de trois degrés...... Je me contenterai moi d'avoir mesuré seul deux degrés quatre cinquiemes ou cinq sixiemes.*

Il fondoit cette mesure du degré qui étoit à lui, sur des observations qu'il termina à Quito au mois de Juil-let 1742. & dont il ne me donna que le résultat, quoi-que ce fût un usage établi parmi nous, pour de très-bon-nes raisons, de communiquer tous les détails & toutes les observations particulieres, pour qu'elles fussent cen-sées authentiques. Outre cela les motifs dont il se servoit pour me faire adopter fa détermination, fuffifoient feuls pour me la faire rejetter, ou pour me la faire regarder au moins comme très-fufpecte. Il m'affuroit que fon réfultat de Quito s'accordoit parfaitement avec nos obfervations de 1737. Il entreprenoit de me le prouver dans une longue lettre qu'il m'écrivit de Tarqui, & dont je mets un extrait en bas de cette page (*d*). N'étoit-il pas très-important après tout cela qu'il conftât de de la maniere la moins équivoque que nous nous trompions tous en 1737. fur la méthode d'obferver les Aftres très-voifins du Zénith? Nos Mémoires fur l'obliquité de l'Ecliptique traduits en Anglois, & imprimés à Londres, ne permettent pas de révoquer ce fait en doute. Ils montrent donc qu'il y a une grande diftinction à faire entre toutes nos Obfervations; & chacun de nous eft obligé en conféquence, de prouver qu'il s'eft relevé de l'erreur dans laquelle nous fommes reftés fi longtems.

Ayez la bonté de voir, Monfieur, combien l'Auteur du *Supplément* fe trouve embarraffé dans fon livre de la mefure des trois premiers degrés de Méridien, lorfqu'il rend compte du travail de 1737. dont je viens de vous entretenir. Il dit que c'étoit notre coup d'effai; *

* Voyez la mefure des trois premiers Dégrés du Méridien pages 172. & fuiv.

(*d*) Ma derniere Obfervation de la diftance d'ε d'Orion au Zénith de Quito, s'accorde fort bien avec celle de 1737. lors de l'obfervation de l'obliquité de l'Ecliptique....... Quant à la conformité de cette obfervation avec celle de Juillet 1737. en voici la comparaifon. La diftance corrigée au Zénith de la même Etoile, eft, felon le calcul de M. Godin tiré de fon Mémoire, de 1ᵈ. 10′. 32″. 16‴. ou de 1ᵈ. 10′. 36″. 46‴. fuivant que l'on adopte l'une ou l'autre des deux corrections de la Lunette qu'il propofe. Le milieu eft 1ᵈ. 10′. 34″. 30‴. Selon vous, Monfieur, elle étoit de 1ᵈ. 10′. 37″. je l'ai trouvée de 1ᵈ. 10′. 35″. 26‴. le moyen Arithmétique de ces trois déterminations eft 1ᵈ. 10′. 35″. 39‴. La déclinaifon de l'Etoile diminue en 5. ans de 18″. Donc en Juillet 1742. diftance au Zénith = 1ᵈ. 10′. 17″. 39‴. Mais notre Obfervatoire de la Merci....... eft plus Sud de..... Donc par l'Obfervation de 1737. j'aurois dû trouver la diftance au Zénith de 1ᵈ. 10′. 12″. 54‴. je l'ai trouvée de 1ᵈ. 10′. 13″. 5‴. la même à 11. tierces près. *Extrait d'une Lettre de M. de la Condamine écrite de Tarqui, & qui a pour date au commencement, le 26. Novembre 1742. & à la fin le 31. Novembre.*

mais exprimoit-il affez nettement la chofe en parlant ainfi ? & empêchoit-il que, vû la grande authenticité de ces obfervations, on ne les préférât à toutes les autres faites aux environs de Quito ? Eft-il permis à un Obfervateur de cacher une circonftance de fon travail, qui en ôte tout le prix ? Nous nous étions conformés à une pratique trop reçue & trop peu exacte ; nous avons dû le dire auffi-tôt que nous l'avons reconnu, & déclarer qu'on ne peut juger de la valeur de ces obfervations, qu'en les comparant à d'autres mieux faites. J'ai eu foin d'en avertir en divers endroits de mon ouvrage.

Quant à l'Auteur du *Supplément* à qui un femblable aveu coûtoit trop, parce qu'il ne fe trompoit jamais, il a ajouté dans fon Livre, * qu'on n'avoit pas voulu faire fervir ces obfervations à la mefure de la Terre: comme fi l'on eût été difpenfé par cette mauvaife raifon, de fe conformer aux regles, & comme fi nous n'avions pas toujours eû deffein de donner à notre travail toute l'exactitude poffible. D'ailleurs il met ces obfervations en ligne de compte avec plufieurs autres, * pour en inférer la grandeur du degré terreftre ; & comme vous venez de le voir, il établiffoit la bonté de celles qu'il acheva au mois de Juillet 1742. fur ces anciennes de Juillet 1737.

Il dit actuellement dans fon *Supplément*, qu'il ne s'intéreffa que peu dans le travail de 1737. & qu'il n'affifta pas à tout ; * mais il fe trouva ou put fe trouver à toutes les opérations de Juin & de Juillet ; & il fuffit de jetter les yeux fur fon Mémoire de l'obliquité de l'Ecliptique, pour reconnoître qu'il fe donne toute la part poffible à ce travail. Vous l'y verrez employer beaucoup d'algebre qui y eft très-déplacée, par plus d'une raifon, & vous remarquerez que regardant comme bonnes les feules obfervations de l'Etoile, qui ont été faites à l'inftant de la médiation, il leur applique à prefque toutes une correction fouftractive, quoiqu'elles péchaffent déjà

en

* Voyez la mefure des 3. 1ers. Degrés du Méridien, page 122. & 172.

* Voyez la mefure des 3. 1ers. Dégrés du Méridien, page 171.

* Voyez la feconde partie du Supplément page 37. & 38.

en défaut. Heureufement ces corrections étoient très-pe-
tites; mais l'obfervation du 17. Juillet faite 40. fecondes trop tard, dont il eft queftion à la page 45. de la traduction de fon Mémoire, ne fe foumettoit gueres bien
à la prétendue correction ; car, comme je l'ai déja dit,
elle s'étoit trouvée conforme à celles qui étoient répu-
tées les meilleures. (*e*)

Enfin l'Auteur pour fe difculper dans fon *Supplé-*
ment, * dit qu'on fut gêné à Quito par le peu de tems * Voyez p:
qu'on eut, & il ne fait pas attention que cette excufe eft 42. de la fe-
auffi peu recevable que toutes autres. Le Soleil étant conde partie.
éloigné de notre Zénith de plus de 23. degrés, lorfque
nous l'obfervions au folftice, cette partie de notre obfervation pouvoit réuffir, quoique nous n'euffions pas de
Méridienne ; mais rien ne nous empêchoit de profiter de
ce même tems-là, pour en tirer une. C'étoit la faifon
de l'année la plus propre pour rendre l'opération exacte ;
nous avions une Pendule reglée, puifque nous avions
égard à la médiation, & notre Obfervatoire étoit fitué
entre deux cours; ce qui en rendoit la difpofition plus
commode. Ainfi il fuffifoit que l'Auteur du *Supplément*
nous avertît que la Méridienne nous feroit abfolument
néceffaire dans le refte de l'obfervation, à caufe de la
grande proximité de l'Etoile au Zénith ; il eft certain
que la chofe eut été exécutée.

Si l'Auteur du *Supplément* eut vû plus clair que nous
tous en 1737. dans la maniere d'obferver les Aftres très-
voifins du Zénith, il eut évité la faute, dans laquelle
il tomba à la fin de 1739. & au commencement de
1740. Je dreffai dans ce tems-là aux deux extrémités de
notre Méridienne ; des rapports ou procès-verbaux,

(*e*) I have made no ufe of the obfervation of the 17. th of July notwiths-
tanding it agrees with the reft, this very agreement being a proof of its in-
fufficiency fince it was made 40. feconds after the paffage. *Extrait* (p. 45.) *du*
Mémoire qui a pour titre ; *the Diftance of the tropics obferv'd at Quito &c.* By
M. le Chevalier de la Condamine.

C

afin de juſtifier pour ma part, que je n'étois plus ſujet aux mêmes reproches, que lorſque nous travaillions tous enſemble à la détermination de l'obliquité de l'Ecliptique. Ces pieces devoient reſter ſecretes pendant que nous étions au Pérou, entre l'Auteur du *Supplément*, M. Verguin & moi; mais j'eus ſoin d'informer M. Godin, d'une maniere générale que j'avois dreſſé, pour ſervir à l'eclairciſſement de la vérité lorſque nous ſerions en Europe, des rapports autentiques de toutes les circonſtances des nouvelles obſervations, & je l'invitai à faire quelque choſe d'équivalent à l'égard de ſon travail. On s'imagine ſans doute, que l'Auteur du *Supplément* profita de cette même occaſion pour montrer qu'il avoit de ſon côté bien examiné cette matiere, & qu'il connoiſſoit parfaitement la valeur de chacune des nouvelles précautions dont je parlois dans les rapports: mais il fit tout le contraire; il mit ſes certificats au bas des procès-verbaux, & il confirma dans ces actes deſtinés à devenir publics, que M. Picard étoit toujours, comme en 1737, ſon unique modèle en fait d'obſervation.

*Voyez p. 136. & 137. Meſure des 3.ers. Degrés.

Il inſiſta dans le premier certificat * ſur l'inſtant de la médiation auquel il étoit très-dangereux d'avoir égard, lorſqu'on n'avoit pas examiné le paralléliſme de la lunette. Il ne ſe mit point en peine de ce paralléliſme; & il ne dit rien non plus de la Méridienne ſur laquelle il m'avoit vû regler chaque jour la direction de l'inſtrument.

*Voyez p. 166. & 167. Meſure des 3. premiers Degrés du Méridien.

Dans l'autre certificat * il ne parla ni de médiation, ni de paralléliſme de Lunette, ni de Méridienne; & cependant il prit la qualité de témoin néceſſaire. Je puis affirmer qu'il ne tint pas à moi que le premier certificat ne fût moins informe, & on en verra quelques legers aveux dans la ſeconde partie du *Supplément* de l'Auteur.

Quant au ſecond certificat je laiſſai écrire tout ce qu'on voulut. Nos diſputes s'aigriſſoient de jour en jour; nous étions continuellement à la veille de nous ſéparer, & je craignois alors très-fortement qu'en revenant en

France, avec la nouvelle de nos conteſtations, nous n'apportaſſions en même-tems à l'Académie des Sciences autant de différentes déterminations du Degré, que nous étions de différentes perſonnes.

Il a été queſtion depuis notre retour en France de réparer, s'il étoit poſſible, le défaut des deux certificats. On peut voir en jettant les yeux ſur la page 598. de nos Mémoires de 1746. que j'ai eu la ſage, mais inutile précaution, en parlant de ces certificats, de ne les pas produire. C'eſt un ſervice que je voulois rendre à l'Auteur du *Supplément.* Il a pris le parti de les faire imprimer lui-même ; & pour mieux perſuader encore qu'il n'en craignoit pas les conſéquences, il a aſſuré dans la Préface de ſon *Journal hiſtorique* * qu'il avoit les originaux de ces actes. Mais tombera-t-il dans l'eſprit de quelqu'un que j'euſſe pû m'en deſſaiſir ? Pour expoſer les choſes avec autant de ſimplicité que de vérité, il falloit dire que nous dreſſâmes trois expéditions qui devoient avoir une égale force, de chaque procès-verbal & de chaque certificat qui étoit au-bas. Chaque expédition reçut depuis les mêmes formalités, & fut légaliſée avec les mêmes ſolemnités. L'Auteur du *Supplément* pouvoit, il eſt vrai, jetter au feu celles qu'il a entre les mains, mais il ne lui étoit pas également facile d'anéantir celles dont je ſuis dépoſitaire.

* Voyez p. xx.

Il a voulu auſſi tirer avantage du plurier dont je m'étois principalement ſervi dans le premier procès-verbal, parce que je n'avois jamais été abſolument ſeul en opérant, & il inſiſte encore ſur le mot *nous* dans ſon *Supplément.* Comme je fis attention au Pérou même, qu'on pourroit abuſer de mes expreſſions trop générales, il me parut néceſſaire dans le procès-verbal des obſervations de l'extrémité Nord, de m'expliquer au ſingulier en parlant des opérations préparatoires de l'extrémité Sud. C'eſt ce que vous verrez en conſultant cet acte à la page 160. de la *Meſure des trois premiers degrés du Méri-*

dien. Mais fans avoir ici recours à tous les moyens dont je pourrois me fervir pour diffiper l'équivoque, l'extrait du Journal de M. Verguin que j'ai donné dans ma jufti-

* Voyez p. 33.

fication * prouve que l'Auteur du *Supplément* n'affifta à aucune des difpofitions préparatoires à l'extrémité Sud de notre Méridienne, de même qu'il reconnoît n'avoir point affifté à celles de l'extrémité Nord. Ainfi il devoit, comme témoin néceffaire, les vérifier chacune en parti- culier, & en faire mention dans fes certificats.

Son embarras pour remédier au défaut de ces deux Pieces, a été fi grand, que lorfqu'il a parlé des premiers préparatifs dont il s'agit, lefquels furent faits les pre- miers jours d'Octobre 1739. il a raconté les chofes d'une façon dans fon livre de la Mefure des trois premiers de- grés du Méridien, à la page 114. & il en a fait un récit tout différent dans nos Mémoires de 1746 à la page 659. Selon fon Livre, il n'affifta pas à ces difpofitions prépara- toires, & felon nos Mémoires il y affifta : deforte qu'il paroît avoir tranfcrit deux différens Journaux, auffi con- traires entr'eux, qu'ils s'accordent peu avec celui de M. Verguin, qui eft parfaitement conforme au mien. Mais quand même ces différens palliatifs ne fe détruiroient pas réciproquement, il faut remarquer qu'ils feroient toujours inutiles, fi l'Auteur eft encore actuellement dans l'erreur où il étoit au Pérou.

J'avois dit dans l'Avertiffement qui eft à la tête de ma

* Page IV.

Juftification * que les erreurs qu'on commet dans une obfervation n'influent pas également fur toutes les con- féquences qu'on en peut tirer, & qu'il n'y a tout au plus qu'un changement d'une ou deux fecondes à faire à notre réfultat de l'obliquité de l'Ecliptique. Il femble que j'en difois affez pour mettre l'Auteur du *Supplément* dans le bon chemin. Mais fans rien écouter, il prétend que puifqu'il n'y a que deux fecondes d'erreur fur l'obli- quité de l'Ecliptique, il n'y a auffi que la même erreur fur les autres parties de l'obfervation. J'ai prouvé ce-

pendant que les effets produits par le défaut de parallélisme de la Lunette sur les hauteurs lorsqu'on dispose
l'instrument par l'instant de la médiation, sont sensiblement comme les tangentes des hauteurs des astres,
ou en raison inverse des co-tangentes. Ainsi quoique la
distance du Soleil au Zénith, ne soit affectée que d'une
erreur de deux secondes, le défaut de parallélisme de la
Lunette a pû se trouver fort grand, de même que l'erreur
sur la distance de l'Etoile au Zénith.

Notre Auteur qui ne veut pas admettre ces distinc-
tions, s'écrie, en parlant des deux secondes d'erreur sur
le Soleil * : *Puissent les enfans d'Uranie être à jamais pré-
servés d'un plus grand malheur !* & il ajoute en m'adressant
la parole : *Le défaut de parallélisme devoit être fort peu consi-
rable dans notre Secteur, si j'en juge par une erreur d'une ou
deux secondes tout au plus , qui, de votre aveu, en fut le résultat ; ou bien avouez qu'un défaut considérable dans le parallélisme ne produit qu'une erreur imperceptible.*

* Voyez la
seconde Par-
tie de son
Supplément
page 40.

Il se réfute après cela lui-même dans une note qu'il
met au bas de la page, & qu'il termine en disant tout le
contraire de ce qu'il disoit plus haut. Nous venons de le
voir juger que le défaut de parallélisme de la Lunette
étoit peu considérable, puisqu'il ne produisoit qu'une
erreur de deux secondes sur le Soleil, ou sur l'obliquité
de l'Ecliptique, & néanmoins il reconnoît à la fin de sa
note , *que le défaut de parallélisme n'a pu altérer sensiblement que la hauteur de l'Etoile voisine du Zénith , & non
celle du Soleil.*

Nous sommes sans doute en droit après cela de lui
représenter que quand on attaque quelqu'un en se donnant pour le vengeur de tous les Astronomes, on devroit commencer par s'accorder avec soi-même. Car si
le défaut de parallélisme de la Lunette n'altéroit pas sensiblement la hauteur du Soleil, ce défaut a donc pu être
fort grand, quoique son effet par rapport au Soleil fût
très-petit. Mais cette même note contient des choses

qui font encore plus étranges : *En vain diroit-on* (ce font les propres paroles de l'Auteur) *que le danger dont parle M. B. regarde en particulier l'erreur fur la diſtance ₃ d'O-rion au Zénith , & non le réſultat de l'obſervation de l'obli-quité de l'Ecliptique ; il eſt aiſé de prouver que l'erreur fur ce réſultat eſt la même que celle qu'on a pu commettre fur la diſtance verticale de l'Etoile qui a ſervi à la vérification de l'Inſtrument ; le défaut de paralléliſme n'ayant pu alté-rer , &c.*

Vous voyez évidemment, Monſieur, que l'Auteur du *Supplément* affirme ici en même-tems le oui & le non , & que ſes aſſertions reſſemblent à des flots qui ſe cho-quent les uns les autres. Vous voyez outre cela qu'il pré-tend que l'erreur ſur l'obſervation du Soleil eſt la même que celle qu'on a commiſe ſur la diſtance de l'Etoile au Zénith, qui a ſervi à la vérification de l'Inſtrument, & qu'il ne fait pas attention à ce que ſçavent non ſeulement les *enfans d'Uranie* , mais ceux-mêmes qui aſpirent à le devenir ; qu'on opere d'une maniere toute contraire ſur les mêmes quantités, lorſqu'il s'agit de la vérification de l'Inſtrument, & lorſqu'il s'agit de la diſtance de l'Etoile au Zénith. Dans une de ces opérations , on retranche une des quantités de l'autre, au lieu que dans l'autre opération on ajoute enſemble les deux quantités ; ce qui eſt cauſe qu'en général l'erreur ſur la diſtance de l'E-toile au Zénith eſt la moitié de la ſomme des erreurs par-ticulieres, au lieu que dans la vérification de l'Inſtru-ment, l'erreur eſt la moitié de la différence des mêmes erreurs particulieres.

Nous avions tort en 1737. de prendre l'inſtant de la médiation pour *Criterium* des obſervations exactes , au lieu de diriger notre Secteur ſur une Méridienne tracée avec le plus grand ſoin. Nous nous trompions en défaut ſur chaque obſervation particuliere , comme je l'ai prou-vé dans le Livre de la Figure de la Terre. * Mais quel-que grandes que fuſſent les erreurs que nous commet-

* Voyez la Section IV. Nº. 60. & ſuivans.

tions alors, elles n'en produifoient aucune fur la vérification de l'Inftrument qui réfulte de la fouftraction de
deux quantités l'une de l'autre, & de deux quantités af-
fectées d'une erreur égale. (f) Ainfi notre détermination de l'obliquité de l'Ecliptique, n'étoit aucunement
vicieufe par cet endroit. Le défaut de parallélifme a
dû influer immédiatement fur l'obfervation du Soleil,
ou fur l'obliquité de l'Ecliptique ; mais il n'eft pas vrai
que *l'erreur fur ce réfultat*, comme le dit notre Auteur,
*foit la même que celle qu'on a pu commettre fur la diftance
verticale de l'Etoile qui a fervi à la vérification de l'Inftrument.* Ces erreurs font, comme je l'ai déja dit, fenfiblement proportionnelles aux tangentes des hauteurs des
deux Aftres, ou en raifons inverfes des tangentes de
complémens ; de forte qu'une de ces erreurs étoit plus
de vingt fois plus grande que l'autre, fi l'on fuppofe toutes les autres circonftances d'ailleurs les mêmes.

Plufieurs autres endroits du *Supplément* montreroient
également que les idées de l'Auteur fur ces matieres,
font encore auffi peu diftinctes qu'elles l'étoient au Pérou ; mais fans m'amufer à le fuivre plus long-tems dans
fes raifonnemens, je me bornerai ici à me juftifier du crime qu'il m'impute, d'avoir attaqué la mémoire de M. Pi-

---

(f) Il eft peut-être bon de mettre ici un exemple en faveur de quelques-
uns des Lecteurs qui n'auroient pas ces matieres affez préfentes. Suppofons
qu'en tournant fucceffivement la face du Secteur vers l'Orient & vers l'Occident, on trouve 1ᵈ. & 1ᵈ. 12ᵐ. pour la diftance de l'Etoile au Zénith, &
qu'on fe foit trompé de 20. fecondes fur chacune de ces quantités, en diri-
geant mal-à-propos l'Inftrument par l'inftant de la médiation. L'erreur fera
exactement la même dans les deux cas, & également en défaut, c'eft-à-dire,
qu'on devoit trouver 1ᵈ. 0ᵐ. 20 fecondes & 1ᵈ. 12ᵐ. 20. fecondes. S'il s'agit
après cela de la vérification de l'Inftrument ou de déterminer le point du Limbe qui répond exactement à l'axe de la Lunette, l'erreur s'évanouira abfolument, on trouvera 6ᵐ. en prenant la moitié de la différence des deux quantités défectueufes, comme fi on opéroit fur les deux autres. Si l'on demande
au contraire la diftance de l'Etoile au Zénith, l'erreur fubfiftera toute en-
tiere. Il faudra prendre la moitié de la fomme des deux diftances, & il viendra en employant les défectueufes, 1ᵈ. 6ᵐ. au lieu de 1ᵈ. 6ᵐ. 20. fecondes
qu'on devroit trouver.

card. Je n'ai pu m'exprimer d'une maniere plus refpec-
tueufe, en m'expliquant au fujet de ce fameux Obfervateur. J'ai applaudi à la maniere dont il avoit éludé la
difficulté qu'on trouve dans l'obfervation des Aftres très-
élevés. Il eft vrai que j'ai foupçonné, que s'il avoit fenti
la difficulté, il n'en avoit pas cherché la caufe. Mais
tous les hommes apperçoivent-ils toujours également
toutes les chofes qui fe préfentent à eux ? Dans l'éten-
due des connoiffances humaines ne fe trouve-t-il pas toujours une infinité de vuides ou d'endroits obfcurs, qui
ne fe lient pas avec le refte, & qui ne font quelquefois
apperçus que par des perfonnes très-peu habiles, qui
fuppléent à force d'attention aux lumières qui leur man-
quent. J'ai dit plufieurs fois, & je le répete encore,
que M. Picard eût mieux fait de diriger le limbe de fon
inftrument, fur une Méridienne tracée exactement, que
de difpofer fon Secteur par le moyen de la Lunette qu'il
pointoit fur l'Etoile à l'inftant de la médiation : M. Picard eût rendu fon opération plus réguliere, & il n'eût
induit perfonne en erreur.

Mais voyons avec quelle adreffe l'Auteur du *Supplément* défend ou venge M. Picard. Il nous affûre que la
difficulté qu'on trouve à obferver les Aftres voifins du
Zénith, vient de la fituation gênée de l'Obfervateur,
& de ce que l'Aftre change très-fubitement d'Azimuth.
C'eft ce qu'il nous apprend à la page 20 de la feconde
partie de fon *Supplément. Outre cela*, dit-il, *M. Picard indique à l'endroit même cité par M. B. une autre
caufe de la difficulté qu'il trouvoit à obferver ces fortes de
hauteurs ; c'eft qu'elles paffent très-vîte, c'eft-à-dire, que
l'Etoile change très-promptement d'Azimuth.* Mais M.
Picard fe trompoit donc fur la maniere d'obferver les
très-grandes hauteurs Méridiennes ; car quelque foin
qu'on apporte à examiner le parallélifme de la Lunette,
il ne fuffit pas pour mettre l'inftrument dans le plan du
Méridien, de pointer la Lunette fur une Etoile très-
voifine

voifine du Zénith; cette pratique feroit mauvaife, & ce n'eft que lorfqu'on s'y conforme qu'on s'apperçoit du changement d'Azimuth de l'Aftre.

Qu'on place, en effet, un Secteur au hazard, & à une certaine diftance du plan du Méridien, & qu'on le change de place, felon qu'on remarque que l'Aftre très-voifin du Zénith approche trop-tôt ou trop-tard du milieu de la Lunette, on trouvera alors que le changement rapide d'Azimuth de l'Aftre, eft extrêmement incommode. Mais cet inconvénient viendra de la mauvaife méthode de diriger l'inftrument; méthode dont l'Auteur du *Supplément* ne peut pas encore actuellement fe détacher: au lieu que la chofe fera toute différente, fi on a foin de tracer une Méridienne pour difpofer le Secteur, & qu'on attende que l'Aftre vienne fe rendre dans la Lunette. Non-feulement on ne fera plus alors gêné par le changement d'Azimuth de l'Etoile, on ne verra même rien qui y ait rapport, puifque le tableau qu'on aura fous les yeux, ne donnera aucune notion de la diftance de l'Aftre plus ou moins éloigné du Zénith.

La Lunette a un certain champ; elle embraffe par exemple, un efpace du Ciel qui a un demi-degré de diametre, l'Aftre parcourra cet efpace avec fon mouvement journalier, & la durée du paffage ne dépendra que de la grandeur du champ & de la déclinaifon de l'Aftre. Si l'Etoile paffe au Zénith de Paris, elle employera environ 3 minutes à traverfer le champ; mais que nous allions à Dunkerque ou à Colioure, & que nous obfervions la même Etoile, elle mettra toujours précifément le même tems à traverfer la Lunette; elle ne paffera ni plus, ni moins vîte. Ainfi le changement d'Azimuth ne rend l'obfervation difficile, que lorfqu'on obferve mal, & non pas lorfqu'on fuit fcrupuleufement la bonne méthode.

Il eft vrai, néanmoins, qu'on trouvera encore des difficultés en obfervant bien; elles viendront d'une autre

D

fource. Les moindres négligences, soit fur le parallélifme de la Lunette, soit fur la direction de la Méridienne,
soit même fur l'inftant de la médiation, ne tirent point
à conféquence, lorfqu'on n'obferve que des Aftres mé-
diocrement élevés & fitués dans une certaine région du
Ciel ; au lieu que ces moindres négligences peuvent faire
manquer abfolument les obfervations, lorfqu'il s'agit
d'Aftres très-voifins du Zénith. Une Méridienne tracée
groffiérement avec une Bouffole fur le pavé, fuffira dans
une infinité de rencontres, puifqu'on peut même s'en
paffer fouvent ; mais il faudra d'autres fois tracer cette
ligne avec le plus grand fcrupule. C'eft à la diftinction
de toutes ces circonftances, que j'ai voulu rendre plus
attentif dans la quatriéme fection de mon livre *de la*
Figure de la Terre , & on voit que l'Auteur du *Supplé-*
ment mérite qu'on l'y renvoye.

Il a cependant eu accès auprès des Maîtres de l'Art.
Il a fréquenté *ceux de nos contemporains avec lefquels*
j'aurois pû m'inftruire ; il eft lui-même affez inftruit, pour
me déclarer de fon autorité privée *Juge incompétent* , &
il affûre que j'ai très-grand tort de vouloir *traduire mes*
Maîtres à mon propre tribunal. Il ne s'agit pas ici de fçavoir fi je mérite tous ces reproches. Je demande feule-
ment fi l'Auteur n'auroit pas dû avoir un peu plus d'égard
pour la place d'Aftronome que j'ai l'honneur d'occuper.
Eft-il plus guidé par l'amour de la juftice en cette ren-
contre, que lorfqu'il m'imputoit un très-mauvais procédé à l'égard de M. Caffini, au lieu de donner des
éloges à ma maniere d'agir ? Mais ne fe préfente-t-il pas
encore ici une autre queftion à lui faire ? Lui convien-
droit-il de prendre place parmi tous les Maîtres qu'il
voudroit me donner, & n'eft-il pas étonnant qu'en travaillant à un ouvrage polémique de l'efpece du fien ,
il foit tombé dans les méprifes que nous venons de remarquer ? Ne devoit-il pas faire attention qu'il avoit
contre lui fon Mémoire fur l'obliquité de l'Ecliptique ,

ſes certificats mis au-bas des deux procès-verbaux, &
qu'il avoit à craindre de confirmer les conſéquences
qu'on en peut tirer, & que j'avois travaillé moi-même à
éloigner ? En effet, j'ai dit dans ma juſtification, que lui
ayant déja communiqué mes propres obſervations faites
à l'extrémité Sud de notre Méridienne, j'avois ménagé exprès une entrevûe avec lui au mois d'Août 1742,
pour l'entretenir ſur celles qu'il alloit entreprendre dans
le même poſte. Si l'Auteur du *Supplément* ne convient
pas de l'utilité de cette entrevûe, c'eſt qu'il penſe que
ce ſeroit encore un moindre inconvénient pour lui, de
laiſſer douter de la bonté de ſon travail, que d'avouer
qu'il m'en a quelque obligation.

Au reſte, il reconnoît qu'il n'a point de commiſſion
des Aſtronomes pour les défendre ni pour m'attaquer ;
cela n'eſt que trop viſible. Vous me rendez, je penſe
auſſi aſſez de juſtice, Monſieur, pour croire que je n'ai eu
intention de bleſſer perſonne. Je ne pouvois pas me diſpenſer de parler de l'erreur dans laquelle nous tombions
en 1737, ſans expoſer le Public à mettre abſolument
toutes nos obſervations à côté les unes des autres, &
il m'a fallu montrer que j'avois agi avec plus de réfle-
xion dans la ſuite. J'ai tâché dans mon livre de la
Figure de la Terre, de répandre quelque jour ſur cette
matiere importante, ſans m'en prévaloir, ni ſans pré-
tendre propoſer mes remarques comme des décou-
vertes. Si mes recherches ne méritent pas ce nom
à cauſe de leur ſimplicité, on voit pourtant que ſans
leur ſecours on ne pourroit aucunement compter ſur le
ſuccès de notre Voyage.

Je n'ai jamais nié qu'on n'eût fait d'excellentes obſervations ; j'ai même dit qu'on en avoit faites. M.
Picard a peut-être agi avec pleine connoiſſance de cauſe,
lorſqu'il a voulu que ſa Lunette fût de même longueur
que le rayon de ſon inſtrument ; mais comme on ne
ſçavoit pas s'il s'étoit conduit par des raiſons de conve-

nance ou de néceſſité, on ne s'eſt pas toujours déter-
miné à ſuiyre ſon exemple ; il auroit fallu pour cela con-
noître ſes motifs. C'eſt parce que l'Auteur du *Supplé-*
ment les ignoroit abſolument, qu'il me propoſoit encore
en 1741 dans ſes Lettres, de joindre une Lunette très-
courte à un Secteur d'un grand rayon. Je puis dire à
peu-près la même choſe de toutes les autres précautions
néceſſaires dans les obſervations. Il n'eſt que trop certain que dans l'impoſſibilité de les concilier, on a ſouvent ſacrifié les plus importantes à celles qui l'étoient
moins. Enfin, les Aſtronomes qui ont fait de bonnes obſervations ne ſe ſont pas donné la peine d'aider ceux qui
viendroient après eux. J'ai pris ce ſoin, & ſi dans la ſuite
on ne lutte plus contre un ſi grand nombre d'obſtacles,
ſi on ne manque plus ſi ſouvent ſon travail, j'aurai contribué à ce bon ſuccès. C'eſt un ſervice rendu à l'Aſtro-
nomie-pratique, quoi qu'en diſe l'Auteur du *Supplément,*
qui en me combattant par tous les moyens qu'on a vûs,
montre combien il eſt fâché qu'on m'ait cette légère
obligation. Je vous fais bien mes excuſes de vous avoir
ennuyé par une ſi longue Lettre. J'ai l'honneur d'être,
avec la conſidération la plus parfaite,

MONSIEUR,

A Paris, le 20   Votre très-humble & très-
Février 1754.   obéiſſant Serviteur, BOUGUER.

POSTSCRIPTUM.

APRÉS avoir abufé autant que je l'ai fait, Monfieur, de votre extrême complaifance, je crois pouvoir joindre encore ici les raifons qui me difpenfent de fuivre pas-à-pas l'Auteur dans fon gros volume. Il montre affez par la maniere dont il vient de plaider la caufe de tous les Aftronomes qui ne l'en avoient pas chargé, qu'il ne craint pas de difputer fur les matieres même qu'il a le moins examinées. D'ailleurs, les moyens auxquels il a eu recours, réuffiroient dans un fecond *Supplément*, & même dans un troifiéme, furtout s'il continuoit à prendre la précaution de ne les publier, que quand les Lecteurs n'auroient plus affez préfentes les chofes auxquelles il répondroit. Je puis donc paffer fous filence une grande partie de fon Ecrit; & il eft très-vraifemblable qu'il me fera permis de faire à l'avenir encore moins d'attention aux Ouvrages qu'il pourra produire contre moi.

I.

Remarques fur la maniere dont l'Auteur me répond dans fon SUPPLÉMENT.

LA précipitation feule ne met pas tant de contrariétés entre les Relations de deux perfonnes qui ont travaillé aux mêmes opérations. C'eft peut-être par cette raifon, que l'Auteur du *Supplément* dit quelquefois, qu'il cherche des marques de ma candeur, & qu'il n'a pas affez de lumieres pour les appercevoir. Il affûre en d'autres endroits que je lui fais des reproches odieux, quoique les perfonnes qui ont lû mon Ecrit, y aient trouvé tous les ménagemens poffibles. D'autres fois il prétend que je difpute d'une maniere artificieufe, & que j'ufe de

D iij

tergiverſations. Mais pour juger plus aiſément de la forme & du fond de cette conteſtation, ayez la bonté de voir d'abord, ſi l'Auteur qui ſe pique de répondre à tout, & de tranſcrire exactement les textes de ma juſtification, rapporte ceux qui en contiennent les plus fortes preuves.

Vous chercheriez, par exemple, fort inutilement dans le *Supplément* les deux lettres de M. Verguin, touchant la préférence que nous donnions d'abord à la meſure des degrés de l'Equateur. M. Verguin ne rapporte dans ces lettres, que ce qu'il a trouvé dans ſon Journal. Si on les conſulte, on ſera convaincu que les circonſtances ſur leſquelles il inſiſte, décident la queſtion, comme il l'aſſûre; c'eſt préciſément par cette raiſon, que l'Auteur du *Supplément* n'a garde de les mettre ſous les yeux de ſes Lecteurs. Il tranſcrit auſſi peu exactement l'endroit de ma Juſtification, où je donne l'extrait d'une lettre que j'eus l'honneur d'écrire le 15 Février 1737. à M. le Comte de Maurepas, & celui d'une autre lettre que M. Godin écrivoit deux jours après moi, au même Miniſtre. *

* Voyez ma Juſtification, pag. 12.

Il s'agit dans toutes ces lettres d'une réſolution ultérieure, que M. Godin ne pouvoit prendre qu'avec le concours au moins d'un des deux autres Académiciens, comme le prouve le certificat de M. Verguin du 26 Décembre 1749. * Nous ſommes donc trois perſonnes, dont le témoignage eſt abſolument conforme, & dont le poids eſt d'autant plus grand que nous ne nous entendions pas M. Godin & moi, puiſque je déſapprouvois dans ma lettre à M. le Comte de Maurepas, le parti qu'il prenoit. M. Godin, outre cela, dut écrire dans toutes ſes lettres précédentes, que nous commencerions par la meſure de l'Equateur, puiſque l'Auteur du *Supplément*, ſi nous nous en rapportons à ſon récit, ne l'avoit pas encore fait changer d'avis. M. Godin, dans ſa lettre du 17 Février, n'eſt toujours occupé que

* Voyez ma Juſtification, pag. 20 & 21.

du même objet, & il marque qu'il va enfin partir pour
examiner le terrein de l'Equateur, & qu'il plantera en
même tems les fignaux ; ce qu'il n'eût pas fait fi la mefure de l'Equateur eût ceffé d'être la premiere dans fon
intention. Mais que fait l'Auteur du *Supplément* qui fe
trouve contredit par cette lettre ? Il en donne un prétendu expofé, appellant à fon fecours une métaphyfi-
que qui lui eft propre. *

* Voyez *Sup-
plément*, pre-
miere Partie,
pag. 37.

    Les Plaideurs un peu habiles fçavent qu'il ne faut ja-
mais convenir de rien ; c'eft une maxime dont ils ne fe
départent que très-difficilement. Auffi verrez-vous l'Auteur du *Supplément* ne pas rapporter dans fes propres
termes, la lettre que M. Clairaut lui écrivit le 3
Mars 1738. *Je fuis bien aife*, difoit M. Clairaut, *que
vous foyez à préfent réfolu de mefurer d'abord le Méridien*. C'eft précifément dans ces termes qu'il me com-
muniqua le 31 Mai 1748. le texte de cette lettre, en
reconnoiffant qu'il falloit en conclure, que nous avions
eu antérieurement des difputes fur ce fujet. L'Auteur a
bien fenti que le mot *à préfent* exciteroit la curiofité de
fes lecteurs, qu'ils lui marqueroient leur étonnement
de ce qu'il n'avoit pas toujours été du même avis, &
qu'ils lui demanderoient quand il en avoit changé. Il
fupprime donc dans fon livre ce mot trop incommode :
mais parce que je lui repréfente que pour moi je tranf-
cris plus exactement les extraits que je rapporte, il
nous permet dans fon *Supplément*, * d'ôter ce mot, ou
de le rétablir ; & il ajoûte, qu'il eft bien clair, que M.
Clairaut en l'employant le 3 Mars 1738, n'a voulu que
mieux fixer une époque antérieure. Ainfi fuppofé qu'on
dife : « L'Auteur du *Supplément* fçait *à préfent* que les
» Certificats qu'il mit au-bas des deux procès-verbaux
» dont on a parlé, font tout-à-fait informes, & qu'ils
» prouvent beaucoup contre lui ; ce fera précifément la
» même chofe, que fi on difoit qu'il le fçavoit dès le
» Pérou. » Car le mot *à préfent* fe rapportera à l'époque

* Voyez pre-
miere Partie,
pag. 34.

que forment les dates des deux Certificats, & ne servira qu'à les mieux déterminer.

C'est par des interprétations de cette force, & des moyens semblables, que notre Auteur répond continuellement à ma justification ; je vais en donner ici encore un ou deux exemples. Lorsque je formai à la fin de 1740. le projet d'aller vérifier nos premieres observations à Tarqui, M. Godin pensa qu'on pouvoit faire en même tems des observations correspondantes aux deux extrémités de la Méridienne, & qu'un troisiéme Observateur pourroit s'occuper vers le milieu de l'intervalle, ou même à Quito, en observant la même Etoile avec une Lunette fixe scellée contre un mur. L'Auteur du *Supplément* qui aimoit mieux rester à Quito, que de se charger de la pénible commission d'aller au Midi, & qui environ un an après, m'écrivoit qu'il ne vouloit point encore sortir de cette ville pour y retourner, parce qu'il ne vouloit pas *faire son paquet deux fois* *, me marqua le 12 Janvier 1741 : *Il m'a été impossible de manger un morceau ayant perdu l'appétit, avec la nouvelle de ce nouveau délai qui retarde notre retour en France, lorsque j'étois prêt à tout abandonner, je veux dire, mes affaires particulieres, pour ne plus penser qu'à mon départ.*

* Voyez ma Justification, pag. 42.

Il m'écrivit le même jour dans une autre Lettre : *Si je croyois que vous fussiez d'avis de la faire, (l'observation de Tarqui) ou comme l'année derniere, ou avec quelques autres arrangemens ; mais de sorte qu'elle fût commune, & que les deux Observateurs y assistassent, je ne balancerois pas à vous suivre à Tarqui, pour mettre la derniere main à notre Ouvrage . . . . Mais supposé que vous persistiez à vouloir faire l'observation au Sud, chacun à part, j'y renonce pour la mienne, je m'en rapporte entierement à la vôtre, & je ne désire rien moins que d'élever Autel contre Autel, & d'entrer dans de nouvelles contestations.*

L'Auteur sans rapporter l'endroit de ma Justification

où

où il s'agit de ces Lettres, & en choisissant (page 120. de son *Supplément*) les seuls endroits qu'il juge susceptibles de réponse, dit à la page suivante que *je présente sous le même point de vue des choses écrites à onze mois d'intervalle*, le tout *pour embrouiller les faits, & qu'on sera étonné de l'interprétation violente* que je donne à ses Lettres. Mais je demande si lorsqu'on fait une pareille réponse, on n'est pas obligé de l'appuyer sur de bonnes preuves.

Je demande encore s'il étoit fort aisé de détourner le sens de ces différentes Lettres. L'Auteur *perdit l'appétit* en apprenant que son retour en France seroit retardé lorsqu'il étoit prêt à abandonner ses affaires particulieres pour ne plus penser qu'à son départ ; & il nous dit actuellement qu'il ne regardoit pas comme importantes les observations dont il s'agissoit alors. Il consentoit cependant à les faire en ma compagnie ; c'est-à-dire, qu'il souhaitoit que je renonçasse à la résolution que j'avois déja prise de travailler toujours en mon particulier. Mais il avoit une si grande répugnance à se charger seul de ces observations, qu'il aimoit mieux n'y prendre aucune part, parce qu'il ne désiroit rien moins, disoit-il, *que d'élever Autel contre Autel.* Combien n'eût-il pas été avantageux que l'Auteur arrivé en France, se fût souvenu de cette espèce de protestation, & qu'il ne se fût pas ensuite mis dans l'esprit que son *zèle avoit été jusqu'au Fanatisme ?*

Tout le *Supplément* est écrit de la même maniere. L'Auteur vouloit m'obliger en 1748. dans une de ses Lettres, à discuter contradictoirement devant l'Académie, si une Lunette mal centrée, ou *même bien centrée* pouvoit rendre défectueuses les observations de la hauteur des Astres. Il assure actuellement * qu'il ne s'agissoit alors que de nouveaux moyens de bien centrer les objectifs ; & comme cette interprétation implique contradiction avec les termes de sa Lettre, il dit qu'il vouloit

* Voyez seconde partie du Supplément. page 174.

E

m'obliger à m'expliquer davantage. Mais il ne fait pa
attention qu'il y a deux différentes manieres de montrer
qu'on n'eſt point au fait d'une matiere : la premiere, lorſ
qu'on n'en parle qu'en ſe trompant; la ſeconde, lorſqu'on
a beſoin que d'autres nous l'expliquent.

On verra que l'Auteur ne ſatisfait guere mieux à l'ex
trait d'une de ſes Lettres que je lui avois oppoſée au ſu
jet des obſervations de Chimboraço, ſur les Attractions
Newtoniennes. Il en interprete divers paſſages; mais
ces interprétations prouvent-elles qu'il avoit réellement
imaginé le moyen que nous employâmes ? Il lui falloit
donc quelque titre pour fonder ſa prétention. Il le cher
che non pas dans une longue Lettre qu'il écrivit ſur ces
obſervations de Chimboraço le 23. Décembre 1738. à
feu M. Dufay, pendant que nous étions au Pérou, mais
dans une Note marginale qu'il reconnoît y avoir ajoutée
depuis que nos conteſtations ont éclaté dans l'Académie. Voici les propres termes de cette note. « Cette der-
» niere méthode qui eſt l'une de celles dont on peut ſe ſer-
» vir pour vérifier la poſition de la Lunette d'un Quart-de-
» cercle, n'a de nouveau que l'application que je propoſa
» d'en faire, pour doubler le réſultat que nous cherchions à
» Chimboraço lorſque M. Bouguer me fit part des autres
» moyens ci-deſſus expliqués, qu'il avoit imaginés pour
» cela, & c'eſt la ſeule dont la nature du Terrein nous ait
» permis de faire uſage. »

Il a fallu néceſſairement que l'Auteur déclarât que
l'addition avoit été faite après coup ; car il pouvoit ſe
trouver pluſieurs copies fideles de ſa lettre : j'avois même
dit que j'en avois une *. Ces différentes copies fixoient
le texte de la lettre originale, empêchoient d'y toucher & ne contenoient pas certainement la prétendue
note, ce qui mettoit dans la néceſſité de reconnoître
qu'on l'avoit écrite depuis peu. L'Auteur du *Supplément*
ſemble en parler actuellement comme de quelques phra-
ſes inſérées dans le texte, quoiqu'il s'agiſſe réellement

* Voyez ma
juſtification ,
page 49.

d'une note marginale ; & il prétend avoir donné à cette addition toute l'autorité possible, en la lisant en ma présence, lorsqu'il lut en pleine Académie la lettre même, les 5. & 12. Mai 1751 *. Mais c'est ce que je suis très-en droit de contester. Je fus extrêmement attentif pendant toute la lecture, & il ne fut fait aucune mention de la note : c'est ce que je puis affirmer de la maniere la plus positive. Je ne craignis pas non plus dans les premiers mois de 1752. lorsque la mémoire des choses étoit plus récente, de prendre, pour ainsi dire, l'Académie Royale des Sciences, à témoin de ce qu'elle n'avoit rien remarqué qui me fût contraire dans la lettre dont il s'agit. *

* Voyez le Supplément, seconde partie, p. 149.

* Voyez ma justification page 49.

Si l'Auteur, après avoir lu sa lettre, l'avoit remise au Secrétariat, j'aurois pu y avoir recours. Il dit pour excuse qu'il croyoit qu'elle étoit déja couchée sur les registres ; mais la note au moins n'y étoit pas, & il devoit donc en requérir l'enregistrement ; il étoit même convenable, vû toutes les circonstances, que cette réquisition se fît en pleine assemblée. Il y avoit encore un moyen de donner quelque apparence de légitimité à l'addition, c'étoit de la faire parapher ; mais l'Auteur se contenta de faire apostiller par M. de Fouchy, le commencement & la fin de sa lettre, pendant que la note secrete resta cachée à la marge de la seconde page, que M. de Fouchy ne dut pas voir.

L'Auteur assure actuellement avoir suppléé en quelque maniere à ce défaut, en faisant observer à quelques Académiciens le silence que j'avois gardé pendant la lecture de la note. Il est vrai que mon silence dut être extrême pendant cette prétendue lecture, puisque la note ne fut point lue, & ce qui va encore mieux en persuader les Lecteurs, c'est que l'Auteur du *Supplément* promet de ne point faire de question aux Académiciens qu'il rendit ses confidens, parce qu'il ne veut pas les mêler dans sa dispute. * La précaution est fort sage, mais malgré cela il

* Voyez le Supplément, seconde partie, p. 148.

eſt toujours très-étrange que l'Auteur qui ſe propoſoit de fonder dans la ſuite ſon prétendu droit ſur l'addition clan-deſtine, oubliât de la faire lire à M. de Fouchy & de la faire parapher. Ignoroit-il qu'elle formoit le ſeul point important de ſa Lettre? Enfin l'Auteur du *Supplément* omit généralement toutes les formalités, qui, en donnant quelque authenticité à ſa note, euſſent pu m'en procurer quelque connoiſſance & me mettre à portée d'y répon-dre. Elle a été écrite pendant la chaleur de nos diſputes, lorſqu'on n'eſt pas toujours maître de ſes préventions ; elle n'a point été couchée ſur nos Regiſtres, elle n'a pas même été paraphée. Il n'eſt pas néceſſaire d'en rien dire davantage ; mais je puis affirmer de plus, qu'elle n'a point été lue en pleine Académie, & que le fait qu'elle contient, eſt abſolument contraire à la vérité.

Pour moi je n'avois pas agi de la même maniere pour établir mon droit: une bonne cauſe ſe ſoutient par d'au-tres moyens. Mon droit avoit déja été rendu inconteſta-ble par la Lettre même dont il s'agit, lorſque reçue par M. du Fay, elle avoit été lue la premiere fois en pleine Académie, pendant que nous étions au Pérou. J'ai ou-tre cela expoſé fidélement les faits à cet égard, comme à l'égard de tout le reſte dans mon Livre de la figure de la Terre, & j'ai ſoumis cet Ouvrage, par ordre de l'Aca-démie, à la cenſure même de l'Auteur du *Supplément* qui a eu trois ſemaines pour l'examiner & pour y faire ſes objections. Il y a actuellement preſcription en ma faveur, mais ſi l'Auteur eût élevé quelque diſpute à ce ſujet lorſqu'il en étoit tems, il m'eût ſuffi de le ſommer de produire ſa lettre à M. du Fay ; cette piece l'eût condamné, comme elle le condamneroit encore actuelle-ment, s'il n'y avoit ajouté des notes, effacé preſque tous les endroits qui m'étoient favorables, & défiguré d'au-tres endroits encore depuis par des interlignes. Enfin l'o-riginal de ſa lettre dans l'état où il l'a mis, eſt ſi peu ca-pable maintenant de faire illuſion, qu'il fourniroit au contraire la plus forte preuve de ce que peut la chaleur de la difpute fur l'efprit de certaines perfonnes. M. de Fouchy m'a délivré une efpèce de procès-verbal de l'état où étoit cette piéce à la fin de l'année derniere, lorfque l'Auteur la préfenta pour l'impreffion. Je confens au furplus à paffer condamnation fur tous les autres chefs de nos différends, fi l'on peut montrer que j'aye altéré ou défiguré le moindre fait dans tout ce que je viens de rapporter.

L'Auteur donne prefque toujours en forme de preuve, des chofes qui auroient encore plus befoin d'être prouvées. Il m'oppofe fon Journal, en divers endroits de fon *Supplément*, comme s'il ne devoit pas s'y trouver beaucoup de remarques qu'on appercevroit auffi dans celui de M. Verguin, parce que j'avertiffois quelquefois ces deux MM. de faire attention à certaines particularités. Quant au premier de ces journaux, il a d'autant moins d'autorité contre moi, que l'Auteur du *Supplément* ne contestera pas que je ne l'aye vû, non pas une feule fois, mais peut-être plus de trente ou quarante, écrire les éclairciffemens que je donnois à fes queftions. Il faifoit à mes remarques beaucoup plus d'honneur qu'elles ne méritoient; & il me difoit alors, comme il me l'a auffi écrit, que fon Journal n'étoit pas deftiné à voir le jour *.

II.

De la féparation des Académiciens au Pérou.

LES faits qui ont eu peu de témoins ne pouvoient pas manquer de devenir problématiques, puifque ceux-mêmes qui ont été fçus par le plus de perfonnes, & par toute la Province de Quito, changent entierement de face dans les récits de l'Auteur. Après qu'il a voulu me mettre mal avec tous les Aftronomes, il ne lui reftoit plus qu'à me faire paffer pour un homme qui troubloit la paix, &

* Voyez l'Extrait de fa lettre du 28. Décembre 1738. à la fin de ce *Poftfcriptum.*

à perfuader que M. Godin m'avoit eû en vûe lorfqu'il fe
fépara de nous. Il prétend que M. Godin s'eft expliqué
fur ce fujet à Paris en préfence d'un tiers, & qu'il fit re-
monter l'époque de fa premiere réfolution, jufqu'à nos
obfervations de l'obliquité de l'Ecliptique. On eût rendu
beaucoup plus valable la déclaration de M. Godin, en
l'avertiffant qu'il parloit devant une perfonne qui alloit
faire la fonction de Notaire. N'ufoit-on pas de quelque
furprife à fon égard ? Il ne vouloit pas dire à l'Auteur du
Supplément une vérité défobligeante ; il eut même donné
pour premiere date de fa réfolution notre départ d'Europe, fi on l'eût fouhaité. Pour moi je vais rapporter ce
qu'il m'écrivit de fon propre mouvement, dans le tems
que nous étions au Pérou.

Le 25. Novembre 1740. étant à Quito, il me mar-
qua en propres termes : *J'ai plus d'une fois penfé, & je n'ai
pas changé d'avis, que fi je n'avois eu, Monfieur, d'autre
camarade que vous, nous n'aurions peut-être pas eû une feule
conteftation, & fûrement nous ne nous ferions pas féparés,
fi ce n'eût été pour la mefure des angles.* On remarquera
que nous nous féparâmes de concert pour la formation
de nos triangles, & cela en faveur de l'expédition de
l'ouvrage, & pour d'autres raifons très-confidérables.
Je propofai de former deux troupes lorfque nous mefu-
râmes notre premiere bafe ; M. Godin fe trouvoit à la
tête de l'une, & moi à la tête de l'autre. Nous obfervâ-
mes à peu-près le même ordre en mefurant nos angles ;
mais il s'agit dans la lettre de M. Godin, de la féparation
à l'égard des obfervations Aftronomiques, & on voit
qu'il affure qu'elle n'auroit point eû lieu, s'il n'avoit eû
que moi pour collegue.

L'Auteur du *Supplément* voudroit-il, lorfqu'il révoque
en doute un fait fi certain & fi public au Pérou, m'obliger à faire un dépouillement de toutes nos lettres, pour
en tirer les paffages qui y ont rapport ? Il a été plus de
trois ans, fans avoir aucune relation avec M. Godin, fi

ce n'est par mon canal ou par celui de Don George Juan ou de M. Verguin. J'envoyois sa mesure des Angles à M. Godin, ou bien il faisoit passer ses papiers par les mains de Don George Juan, ou de M. Verguin comme médiateurs. Nos deux voyageurs ne se prêtoient pas même les livres qu'ils avoient. C'est ce que je suis en état de prouver, de même que tout ce que je viens de rapporter.

Nous nous sommes au contraire continuellement écrit M. Godin & moi : j'ai une suite non interrompue de ses lettres sur nos opérations, & j'ai conservé les minutes des miennes. J'avoue qu'on appercevroit dans ces lettres que le Ciel n'étoit pas toujours serein pour nous sur les montagnes de la Cordelière ; la différence de nos avis en étoit souvent cause ; mais les nuages ne manquoient pas de se dissiper. Dans le tems que nous allions faire nos observations séparément, M. Godin m'écrivit & me fit dire différentes fois par M. de Jussieu & M. Verguin, qu'il contribueroit, autant qu'il lui seroit possible, au succès de mon travail. M. Verguin actuellement Ingénieur en chef de la Marine à Toulon, peut me démentir si je ne parle pas d'une manière conforme à la vérité ; & il dira en même-tems s'il fut chargé alors de pareilles commissions pour l'Auteur du *Supplément.* On verra au bas de la page l'extrait d'une des lettres dont je viens de parler (*a*).

Je ne voulus pas commencer l'observation de Tarqui qui fut la première que nous fîmes séparément, sans

─────────────

(*a*) « En cela comme dans tout le reste, pour que je puisse de mon côté atteindre à une plus grande justesse, je ne balancerai pas à vous demander vos avis sur ce que je rencontrerai de difficile, ou qui me paroîtra mériter votre attention & votre conseil. Si de ma part je puis contribuer de quelque chose au bien de votre opération particulière (ce dont je ne me flate pas) mille raisons m'engagent à vous assurer que je serai toujours prêt à le faire, quand même le seul plaisir de vous être bon à quelque chose dans un cas de cette espece ne seroit pas suffisant, &c. » *au pied du signal de Sinazaüan le 4. Mai 1739.* Signé GODIN

écrire à M. Godin pour l'inviter à voir le Secteur que je venois de faire construire, & que j'avois monté. La lettre par laquelle il me répondit, étoit de pur compliment (*b*). Mais l'Auteur du *Supplément* ne nous en fera voir aucune de la même main, qui porte au moins tous les caractères de ces tems-là. Elles seront d'une date antérieure peut-être de deux ans, ou postérieure de plus d'un an.

Je crus devoir aussi dans la suite imiter M. Godin. Nous ne nous trouvions ensemble, l'Auteur du *Supplément* & moi, que pour entrer en dispute ; les observations ne se faisoient pas ou se faisoient mal, & nous n'avions personne qui pût juger de nos différends. Les plus honnêtes gens, comme on le sçait, sont quelquefois destinés à pousser la patience de tous les autres à bout. Ils gênent tout le monde pendant qu'ils se trouvent eux-mêmes à l'aise. Ainsi ils seront cause qu'on se séparera, & cependant ils ne voudront pas la séparation ; ils s'y opposeront même de toutes leurs forces. Mais une preuve que l'Auteur me rendoit justice intérieurement sur le parti que je prenois, c'est qu'il continua à me consulter avec la même confiance.

Le 23 Novembre 1740, par exemple, dans le tems qu'il étoit le plus fâché de notre séparation, ou que ses lettres me le montroient davantage, il m'écrivit un billet, dont il a crû ne devoir rapporter qu'une partie, par lequel il me demandoit le changement qu'il devoit faire à sa lunette. Il suivoit son goût en se livrant aux affaires qui intéressoient les heritiers ou la mémoire du

---

(*b*) « Je ne puis pas, Monsieur, accepter vos offres : l'examen que vous » me faites l'honneur de me proposer n'est pas l'ouvrage d'un jour ni de deux, » dans la Saison où nous sommes, & j'allongerois tout-à-fait en vain mon » travail d'ici. Je vous suis cependant fort obligé de votre politesse : car je ne » sçaurois croire que vous pensiez avoir le moindre besoin, ni de mon secours, » ni de mon suffrage. J'ai l'honneur d'être, &c. » *Cuenca ce* 17. *Octobre* 1739. Signé Godin.

feu ſieur Seniergues. Il auroit pû s'en repoſer ſur M.
Joſeph de Juſſieu, qui étant Exécuteur-teſtamentaire
avec lui, pouvoit par ſes lumieres & ſa prudence, lever
les obſtacles qui ſe préſentent dans les affaires les plus
épineuſes. Il s'imagina qu'il s'agiſſoit de l'honneur de
notre Nation, & il ne fit pas attention, que tout ce que
nous donnons de trop à certaines choſes, nous l'ôtons néceſſairement à d'autres : c'eſt ce que fait voir évidemment
le billet (*c*) du 23 Novembre 1740. Quoi qu'il en ſoit,
l'Auteur continua à me propoſer ſes diverſes difficultés ;
les Lettres que j'ai entre les mains le prouveroient, &
il ne s'adreſſa jamais à M. Godin, dans le tems même
qu'ils furent bien enſemble. Il reconnoiſſoit donc que
ce n'étoit ni paſſion, ni humeur de ma part, qui me
faiſoient exécuter une réſolution que j'avois déjà formée
plus de cent fois, mais que trop de complaiſance m'a-
voit fait toujours abandonner juſqu'alors.

(*c*) « Le Micrométre eſt remis en état, & le fil mobile eſt rendu ſenſible-
» ment parallele au fixe, & il a été retendu. Il étoit très-réel qu'il faiſoit une
» courbe, & je l'ai de nouveau examiné de jour, quoique je m'en fuſſe con-
» vaincu hier, en faiſant paſſer les fils l'un ſur l'autre, pour m'aſſûrer que
» ce n'étoit pas une pure apparence optique : je tâcherai, s'il fait beau, d'ob-
» ſerver en quel ſens eſt la parallaxe, pour allonger ou raccourcir la lunette
» ſur quelques Etoiles qui paſſent dans le champ un peu avant Orion. Il me
» ſemble, que quand l'Etoile paroît changer de ſituation, en ſuivant le
» mouvement de l'œil, & du même ſens, que l'image eſt au-delà du fil, &
» que par conſéquent il faut allonger la lunette, & au contraire. Pour en
» être plus ſûr, j'ai prié Grangier de vous le demander, afin d'y apporter re-
» méde s'il ſe peut avant l'obſervation. Je vous prie auſſi de me marquer, vû
» l'expérience que vous en avez faite à Tarqui, de combien à peu-près doit
» être l'allongement ou l'accourciſſement, pour produire un effet ſenſible. »
Ce billet n'eſt ni daté, ni ſigné, mais il eſt bien de l'écriture de M. de la Conda-
mine. Je trouve écrit au dos, que je le reçus le 23 Novembre 1740. au ſoir, &
que j'y répondis ſur le champ : qu'il falloit que M. de la Condamine fît tout le
contraire de ce qu'il ſe propoſoit.

III.

Que l'Académie Royale des Sciences obferva les regles de la plus fcrupuleuse équité à l'égard de l'Auteur du Supplément, *lorfqu'il fut queftion vers la fin de* 1748. *de faire paroître mon Livre.*

Il eft vrai, que lorfque je fuis arrivé en Europe, je n'ai point parlé de cette féparation, effectuée la premiere fois dès les derniers mois de 1740 ; mais je n'ai point dit non plus que j'avois ménagé une entrevûe au mois d'Août 1742, à laquelle il falloit attribuer la bonté des obfervations fubféquentes de l'Auteur du *Supplément.* Je ne dis pas, que lui ayant communiqué mes obfervations faites à Tarqui en 1741, je n'avois voulu adopter celles qu'il fit dans le même pofte vers la fin de 1742, que lorfqu'il m'eût marqué qu'il trouvoit la même chofe que moi. Je n'ajoûtai pas qu'il m'écrivit que je pouvois me difpenfer par cette raifon, de faire le pénible voyage de toute notre Méridienne, que j'étois fur le point d'entreprendre pour aller lever les difficultés qui auroient pû l'arrêter *. Je ne dis pas non plus qu'il fondoit une détermination particuliere de la grandeur du degré fur des obfervations terminées à Quito au mois de Juillet 1742, que je regardois comme très-fufpectes, & dont il ne m'avoit pas communiqué le détail.

(*) Voyez pag. 44 & 45 de ma Juftific.

J'étois prêt au Pérou, comme je viens de le dire, à partir derechef pour l'extrémité Sud de notre Méridienne, lorfque l'Auteur y étoit occupé à fes obfervations, & que mon voyage pouvoit lui être réellement utile. Mais il ne me trouva pas difpofé, & il s'en fallut même beaucoup, à retourner fur mes pas à la fin de l'ouvrage, pour aller lui dire ce que je penfois de tout notre tra-

vail ; au lieu de me mettre en route pour l'Europe (*d*).
S'il avoit befoin de nouvelles lumieres pour faire valoir
fes obfervations particulieres du mois de Juillet 1742 ,
qui s'accordoient trop parfaitement avec les défectueufes
de 1737, il n'avoit qu'à revenir de Tarqui, avec le
Secteur que je lui avois cédé, les répéter à Quito, ou
même à Cochefqui. Mais il n'avoit garde d'entreprendre un pareil voyage ; parce que s'il n'eût pas trouvé la
même chofe que moi, ç'eût été, difoit-il, une nouvelle
matiere à procès (*e*). Le *zéle qui va jufqu'au fanatifme*,
doit être fujet à toutes ces inconféquences ; & d'ailleurs,
on remarquera que ce zèle s'expliquoit toujours au Pérou tout différemment de ce qu'il fait en Europe. L'Auteur du *Supplément* comptoit fur fon obfervation de
Quito, & n'y comptoit pas ; & dans le tems qu'il me
propofoit de l'adopter, il ne pouvoit pas s'empêcher de
reconnoître que peut-être elle manquoit d'exactitude.

L'Académie, ni perfonne, ne fçut rien de toutes ces
chofes ; mais je déclarai dès mon arrivée que je ne rendrois compte que de mon travail particulier ; j'eus foin

---

(*d*) « Si nous ne pouvons convenir, ce que je crains fort, il n'y aura de ma
» part aucune difpute. Je rapporterai les faits. . . . . . . & le Lecteur choifira.
» J'avois défiré que nous nous viffions pour convenir de tout dès ici, & je
» vous avois propofé le rendez-vous à Elen. Vous n'avez pas été de cet avis,
» je n'y penfe plus , &c. » *Extrait d'une Lettre datée de Tarqui les* 18 *Février &*
8 *Mars* 1743. Signé, La Condamine. . . . « C'étoit pour convenir entre nous
» de tous ces faits, & prendre d'un commun accord une réfolution, que je
» défirois fi fort que nous puffions nous voir à Riobamba, avant de partir de
» la province de Quito, &c. » *Extrait d'une Lettre datée d'Amfterdam, le* 11
Janvier 1745. Signé, La Condamine.

(*e*) « Cela, & quelques autres chofes, pourroient engager un autre peut-
» être à retourner à Quito. Mais puifque je n'y vais pas pour me trouver auffi
» avancé que vous, en répétant l'obfervation de Cochefqui ; motif plus puif-
» fant pour moi que tout intérêt ; & puifque je facrifie cette idée à mon re-
» pos & à la crainte de me trouver embourbé ici, fans pouvoir jamais me fa-
» tisfaire, fi je ne trouvois pas la même chofe que vous ; & à celle de rap-
» porter, fi cela arrivoit en France, une plus grande provifion de doutes &
» matiere à procès, ce que je défire d'éviter, je ferai bien moins tenté de re-
» tourner à Quito pour quelque autre raifon que ce puiffe être, &c. » *Tarqui*,
le 3 *Mars* 1743. Signé, La Condamine.

d'en avertir l'Auteur aussi-tôt qu'il fut de retour à Paris, après son long séjour en Hollande, & je puis protester qu'il m'en fit des remercîmens. Cette déclaration de ma part doit avoir été couchée sur nos Regiftres : je la fis publiquement le 14 Novembre 1744. on la trouvera à la page 278 des Mémoires de cette année-là. L'Auteur du *Supplément* n'avoit aucun droit sur mes obfervations, au lieu que j'en avois un trop réel sur les fiennes, sur celles de Tarqui, les seules que je puffe adopter, mais qui n'étoient, à proprement parler, que les miennes, malgré l'intervalle d'un an qu'il y avoit eu entre les unes & les autres. Cependant je renonçois bien volontiers à ce droit, & il n'a pas tenu à moi qu'on ignorât le léger facrifice que j'en faifois.

Mais lorfqu'il fut queftion en 1748. de faire imprimer mon Livre, parce que je n'avois plus aucun motif d'en différer la publication ; étoit-il à propos que je communiquaffe avant toutes chofes mes propres réflexions à l'Auteur du *Supplément* ? Il le fouhaitoit avec un empreffement qu'il lui étoit auffi impoffible de modérer, que de cacher, & il refufoit en même-tems de faire parapher fes papiers, quoique je l'y invitaffe de vive voix, & par écrit. La communication qu'il demandoit, pouvoit me mettre hors d'état de donner l'exclufion à fa prétendue mefure particuliere du dégré. Il eut changé divers endroits de mon manufcrit, pour donner à mes récits le tour qu'il eût fouhaité. (*f*) Il eût voulu que j'euffe infifté

_____

(*f*) L'Auteur du *Supplément* eût fans doute voulu m'engager à faire mention à tout propos de la Lettre que je lui écrivis au mois de Juillet 1737. fur le fervice qu'il nous rendoit en nous prêtant de l'argent, puifqu'il l'a fait imprimer deux fois dans fon *Supplément*, & qu'il nous l'a lû une fois en pleine Académie. J'écrivis cette Lettre à la fuite d'une converfation, dans laquelle l'Auteur ne fe donna pas la peine de me bien inftruire ; comme il me feroit très-facile de le prouver. Il eût peut-être encore exigé que j'entraffe dans un plus grand détail au fujet des finances néceffaires à notre voyage. M. Jofeph de Juffieu m'avoit fait plaifir lorfque j'avois eu befoin d'argent, & je ne cédai à la fin aux offres réitérées que me faifoit l'Auteur du *Supplément*, que lorfque je fus bien fûr qu'en recevant le fervice qu'il me rendroit, je lui en

fut des chofes étrangeres à mon fujet, & dont je n'aurois eu peut-être nulle connoiffance. Tout eût dégénéré en mal-entendu, & il en feroit réfulté tant de divers incidens, que mon Livre, peut-être, ne fût jamais parvenu à l'impreffion.

On voit que je ne manquois pas de motifs pour fonder mon refus; & il eft certain qu'entre ces motifs, il y en avoit de trop confidérables, pour que l'Académie n'y eût point d'égard. Cette Compagnie ordonna donc le 29 Novembre 1748, que mon Livre revû par les Commiffaires qu'elle avoit nommés dès 1744 ou 1745, lors de la lecture de mon Ouvrage dans fes Affemblées, feroit fimplement communiqué à l'Auteur du *Supplément* après l'impreffion, & que cet Auteur auroit quinze jours pour l'examiner avant la publication.

Il paroît qu'il devoit fe trouver entierement fatisfait; & que l'Académie ne pouvoit auffi rien ordonner de plus fage. Cette Compagnie jouit à jufte titre d'une fi grande réputation, qu'elle n'a pas befoin d'apologie : jamais on ne fera entendre qu'elle a bleffé le droit naturel dans quelqu'un de fes jugemens, que lorfqu'on fe permettra de défigurer les faits, ou de fupprimer les circonftances effentielles qui changent la nature des chofes. L'Auteur du *Supplément* avoit un tribunal prêt à recevoir fes plaintes, & pour peu qu'elles euffent été légitimes, la publication de mon Livre eût été fufpendue, & on m'eût obligé d'y faire les changemens néceffaires. D'un autre côté, je ne craignois pas les mêmes inconvéniens, que fi j'avois communiqué mon Manufcrit. La difpute ne pouvoit plus être embarraffée par de pures chicanes : je pouvois profiter des quinze jours pour diftribuer, com-

---

rendrois auffi un très-réel. Cette réciprocité de fervices ne formera pas un paradoxe pour ceux des Lecteurs qui ont quelque connoiffance du pays dont il s'agit. Je ne joins ici cette note fi différente de toutes les autres, que parce que cette même matiere occupe beaucoup de place dans le *Supplément*, & dans tous les récits de l'Auteur.

me je le fis, un certain nombre d'Exemplaires, afin d'inſtruire mes Juges; & ſuppoſé que l'Auteur du *Supplément* formât réellement quelque conteſtation, il falloit qu'il fournît ſes preuves d'une maniere légale & rigoureuſe; ce qui pouvoit être de conſéquence pour les intérêts de la vérité.

Eût-il voulu que l'Académie, malgré ſa ſageſſe & ſes lumieres, eût, ſans approfondir les raiſons ſécretes qui nous faiſoient agir, livré mon Manuſcrit à quelqu'un qui ſe propoſoit de donner un Livre ſur le même ſujet, & qui refuſoit de faire parapher ſes papiers? Il alléguoit pour excuſe que ſes papiers n'étoient pas prêts: il diſoit, ſans doute, très-vrai; mais c'étoit pour cela même que ſa demande n'étoit pas tolérable. On ſent aſſez que s'il eût offert de faire parapher ſes papiers, il n'eût pas manqué de le dire dans ſa proteſtation; cette circonſtance faiſant trop pour lui, pour qu'il l'oubliât. Outre cela, il avoit importuné depuis longtems quatre de nos Académiciens, pour les engager d'avance, s'il étoit poſſible, & même par écrit, à lui être favorables dans leur avis. C'eſt ainſi que je l'ai toujours vû vouloir que je fuſſe jugé avant d'avoir été entendu, & ſans même que j'en fuſſe informé; il nous en a donné lui-même la preuve *. Une autre particularité montre encore combien il ſouhaitoit ardemment d'avoir mon Manuſcrit entre les mains, & ne permet pas de douter qu'il n'en eût beſoin. Il offroit, ſi on lui accordoit ſa demande, de ne faire paroître qu'un an après la publication de mon Livre, l'Ouvrage qu'il préparoit de ſon côté.

Toutes ces circonſtances ne recommandoient pas ſa cauſe, non plus que ce qu'il faiſoit ſonner fort haut, que l'Académie avoit voulu que l'Ouvrage au Pérou fût commun. L'intention de l'Académie n'avoit pas pû changer la nature des choſes, n'avoit pas fait que l'Auteur du *Supplément* eût aſſiſté à des opérations auxquelles il n'avoit pas aſſiſté, ni qu'il eût imaginé

* Voyez le *Supplément*, premiere Partie, pag. 21.

des expédiens auxquels il n'avoit pas penfé , & fur lefquels il ne réuffit pas même encore actuellement à fe
bien expliquer ; elle ne l'avoit pas empêché de fe livrer
à des occupations utiles, j'y confens, mais qui lui plai-
foient davantage. Elle n'avoit pas non plus retenu fa
plume le 12 Janvier 1741 , lorfqu'en prenant pour pré-
texte, qu'il ne défiroit rien moins que d'élever *Autel*
contre Autel, il renonçoit pour fa part aux obfervations qu'on alloit faire aux deux extrémités de la Méridienne. Tout ce que l'Académie fouhaitoit bien pofi-
tivement, c'eft que notre travail fût autorifé par le témoignage de plufieurs perfonnes. Mais j'ai toujours eu
préfent cet objet ; & je crois qu'on eft perfuadé, que fi
j'avois pris moins d'intérêt dans le fuccès des obfervations de l'Auteur du *Supplément*, elles n'auroient guere
plus d'autorité que celles que nous fîmes en 1737. C'eft
même ce qui m'a obligé de prolonger mon féjour long-
tems au Pérou.

Si l'Auteur n'avoit pas fait un fi grand choix entre les
pieces qu'il a fait imprimer à la fin de fon *Supplément*, &
qu'il n'en eût omis un grand nombre, en fe contentant
fimplement d'en marquer les dates, il eût prouvé lui-
même toutes les circonftances que je viens de rapporter.
Mais il ne les conteftera pas ; quoique jointes enfemble,
elles forment un expofé tout différent du fien. D'ailleurs,
il fuffit de parcourir la proteftation qu'il vient de rendre
publique , & qui eft la plus forte piece qu'on pût produire
contre lui , pour reconnoître que fes prétentions étoient
auffi extraordinaires que peu fondées. Si je lui avois de-
mandé la communication de fes propres recherches, il auroit eu quelque efpece de droit fur les miennes , au lieu
que les chofes s'étoient paffées tout autrement. Il vouloit
fçavoir fi je m'accordois avec lui dans les conféquences
que je tirois de nos obfervations ; mais ignoroit-il que
chacun eft maître de tirer les conféquences qu'il juge
à propos ? Suppofé , au furplus, que je me trompaffe

dans ces conféquences , l'inconvénient étoit-il fort
grand ; & eût-on pû en imputer la faute à l'Auteur du
Supplément , qui y eut trouvé au contraire un fujet de
triomphe ? Y avoit-il en tout cela le moindre motif pour
protefter , & pour demander acte de fa proteftation à l'A-
cadémie ?

Il faut que je tranfcrive ici au moins la conclufion de
cet écrit fi extraordinaire. *Je déclare en outre* , ce font les
propres termes de l'Auteur du *Supplément* , *que je fais
la préfente proteftation , afin que les fufdites conféquences
prévûes , & autres non-prévûes , ne puiffent jamais m'être
imputées , d'autant que j'ai fait tout ce qui étoit en mon
pouvoir pour les prévenir , tant en communiquant à M.
Bouguer , il y a bientôt fix ans , toutes les conclufions que
j'avois tirées de notre travail commun fur notre mefure des
trois degrés du Méridien , qu'en lui demandant depuis ce
tems-là d'année en année , une pareille communication avant
qu'il donnât fon ouvrage au Public , & en renouvellant enfin à la veille de l'impreffion devant l'Académie , la même
demande fondée fur le droit naturel , fur nos réglemens &
fur des motifs particuliers qui la rendoient encore plus néceffaire. Enfin , je demande que ma préfente proteftation foit
inférée fur les Regiftres de l'Académie , & qu'il m'en foit
donné acte : c'eft ce qui eft fi important pour moi , que je
ferois obligé en cas de refus , de rendre ma préfente proteftation publique.* Fait à Paris , &c. le 11 Décembre 1748.
Signé , LA CONDAMINE.

L'Auteur en portant fon impatience fi loin , oublioit
qu'elle feroit fatisfaite auffi-tôt que mon ouvrage feroit imprimé ; & qu'on devoit lui en remettre le premier
exemplaire. Etoit-il curieux de fçavoir en quels termes
je m'énonçois fur fon fujet ? Je lui avois lû l'endroit qui
fe trouve imprimé dans mon livre à la fin de la cinquié-
me Section , & il en avoit été très-content ; c'eft ce que je
puis affirmer. Craignoit-il que pendant l'impreffion je ne
changeaffe ce paffage ? Il étoit donc à propos de lui communiquer

muniquer mon livre tout imprimé. Au reste, si l'Auteur du *Supplément* n'avoit que des intentions qu'il pût déclarer, comme je n'en doute point, les 15 jours qu'on lui accordoit, pour faire l'examen dans lequel il étoit juste qu'il se renfermât, étoient plus que suffisans. L'Académie prolongea néanmoins dans la suite, de huit jours, le tems pendant lequel il pouvoit exercer sa censure, & il parut enfin se soumettre au jugement de l'Académie. *

Je me flatois alors que nos disputes qui duroient depuis près de 14. ans, alloient se terminer dans le sein de la Compagnie même, sans que le Public en fût informé, & je croyois déja toucher à l'heureux instant auquel la paix seroit rétablie. Je ne prévoyois pas que l'Auteur diroit en pleine assemblée quelques jours après, qu'il n'avoit pas lu mon livre, & qu'il persistoit dans sa protestation. Le mal eut été cependant encore très-réparable à certains égards, si le même motif qui empêchoit l'Auteur de convenir qu'il n'avoit aucune plainte à faire, & qu'il me devoit au contraire de nouveaux remercîmens, ne l'eût porté à décliner encore la Jurisdiction de l'Académie, lorsqu'il publia son livre environ deux ans après que j'eus donné le mien. Il s'affranchit malheureusement alors d'une loi aussi honorable pour ceux des Académiciens qui sçavent s'y soumettre, qu'elle est gênante pour ceux qui ont lieu de la redouter; & il aima mieux se rendre juge dans sa propre cause.

Cela ne l'empêche pas de dire actuellement que l'Académie a reconnu solemnellement la *légitimité de son ouvrage, & qu'un enfant légitime n'a pas besoin d'être adopté* (*). Mais ces expressions ne sont propres qu'à jetter dans l'illusion le Lecteur peu attentif, & fournissent un nouvel exemple de l'habileté que l'Auteur du *Supplément* sçait apporter dans la dispute, puisque plus de soixante personnes peuvent attester que son livre n'a été ni approuvé ni examiné, par l'Académie. D'ailleurs on sçait que si les *Enfans légitimes n'ont pas besoin d'être*

* Voyez l'extrait des Registres de l'Académie du 7. Juin 1749. au bas de la page 48. de ma Justification.

* Voyez Supplément, premiere partie, page 26.

adoptés, ils prouvent au moins leur état par quelque titre. Ainsi, supposé que l'Auteur n'avance rien ici que de
vrai, il montrera sans peine que l'Académie a reconnu
solemnellement la légitimité de son livre. Il n'ignoroit
pas qu'en s'adressant immédiatement au Public, il trouveroit des personnes très-capables de bien décider,
mais qu'il n'en trouveroit aucune assez instruite de tous
les faits particuliers, ni qui consentît à se donner la
peine d'approfondir le sujet de la dispute. Heureusement
pour moi, indépendamment de la distinction flateuse,
dont l'Académie m'a fait joüir, il suffit au lecteur de con-
sidérer un instant le sort de nos deux ouvrages.

Celui que j'ai publié sur la figure de la Terre, n'a pas
reçu la plus legere atteinte, malgré la vivacité de la con-
testation. Il est si vrai que l'Auteur du *Supplément* n'a rien
trouvé à y redire, qu'il a été réduit à l'humiliante nécessité d'imiter les plaideurs qui achetent des procès. Il s'est
chargé de la cause de M. de Cassini qui ne se plaignoit
pas, & il a voulu venger les cendres de M. Picard, en
défendant de la maniere qu'on l'a vû, l'honneur de tous
les Astronomes.

Que l'on considere après cela son livre, & qu'on en approche ma Justification. Combien l'Auteur du *Supplément*
ne sera-t-il pas obligé d'effacer d'endroits de son ouvrage? Ou combien de fois ne faudra-t-il pas qu'il dise tout
le contraire de ce qu'il avoit dit? Mais ce sera presque encore la même chose, si on compare son livre avec son
Supplément; on verra que par les aveux & les rétracta-
tions, quoique dissimulées, que contient ce dernier, l'ouvrage même est en quelque sorte réfuté par son propre
Auteur.

Il m'est très-facile au surplus d'indiquer une des prin-
cipales origines de tout le mal. J'ai mis une infinité de
fois l'Auteur du *Supplément* dans le cas de me témoigner
sa reconnoissance par rapport à nos opérations; & il me
l'a témoignée principalement en m'écrivant le 28. Dé-

cembre 1738. Il vient de faire imprimer un extrait de cette lettre, en rétabliſſant les endroits que j'avois marqués par des points ; on peut ſeulement lui reprocher de n'avoir pas reſtitué ce qui manquoit au commencement où j'avois retranché tout ce qui pouvoit trop bleſſer ſon amour-propre (g). Mais lorſqu'on a pu écrire de ſemblables lettres, & qu'on montre enſuite qu'on ne s'en ſouvient plus, il eſt impoſſible qu'on en vienne à l'oubli, pour s'y borner ; on ſe jette néceſſairement vers l'extrémité contraire. Combien l'Auteur du *Supplément* ne doit-il pas après cela me repréſenter différent de ce que je ſuis, lorſqu'il parle à des perſonnes dont je n'ai pas l'avantage d'être connu, & comment auroit-il pû dans ſon livre rapporter exactement les faits qui me concernent ?

(g) « J'ai parlé de la reconnoiſſance que je vous devois, Monſieur, je me ferai toujours gloire de la publier, & de convenir que je vous ai ſouvent conſulté, que vous m'avez tenu lieu des plus excellens livres auxquels je n'étois pas à portée d'avoir recours, & que je vous ai ſouvent dû ce que je n'aurois trouvé qu'avec peine, ou point du tout, dans les livres. J'ai tâché de profiter de vos avis ; quand je dirois de vos leçons, je ne croirois pas m'humilier. . . . . . . je ſuis très-éloigné de vouloir m'approprier ce qui ne m'appartient pas, & ſi je vous ai paru, malgré l'attention que j'y ai apportée, avoir péché contre cette maxime, ç'a été contre mon intention, & ſur des choſes que j'ai cru qui étoient à tout le monde, ou que vous ne daigniez pas revendiquer. . . . . je vous donne ma parole, que depuis que j'en ſuis averti, je réparerai non-ſeulement dans les Mémoires de moi qui ſeront publiés, mais ſur mon Journal même d'obſervations, qui n'eſt rien moins deſtiné qu'à voir le jour, toutes les omiſſions involontaires qui me ſont échapées, &c. » *Riobamba,* le 28 *Décembre* 1738. Signé, La Condamine.

F I N.